建筑施工技术与管理经验

柳志强　著

吉林科学技术出版社

图书在版编目（CIP）数据

建筑施工技术与管理经验／柳志强著. — 长春：
吉林科学技术出版社，2021.12

ISBN 978-7-5578-9088-9

Ⅰ. ①建… Ⅱ. ①柳… Ⅲ. ①建筑工程－工程施工②
建筑工程－施工管理 Ⅳ. ①TU74②TU71

中国版本图书馆 CIP 数据核字（2021）第 257606 号

建筑施工技术与管理经验

JIANZHU SHIGONG JISHU YU GUANLI JINGYAN

著　　者	柳志强
出 版 人	宛　霞
责任编辑	王　皓
封面设计	中图时代
幅面尺寸	170 mm×240 mm
印　　张	12.5
字　　数	220 千字
版　　次	2022 年 2 月第 1 版
印　　次	2022 年 2 月第 1 次印刷

出版发行　吉林科学技术出版社
地　　址　长春市净月区福祉大街 5788 号出版大厦 A 座
邮　　编　130021
发行电话　0431-81629530
印　　刷　三河市嵩川印刷有限公司

书　　号　ISBN 978-7-5578-9088-9
定　　价　50.00 元

目 录

第一章 概　述

第一节　建筑和建筑工程的概念

一、建筑的概念

建筑既表示建筑工程的建造活动,同时又表示这种活动的成果——建筑物。建筑是建筑物与构筑物的通称。建筑物是供人们在其中生产、生活或从事其他活动的房屋或场所,如教学楼、体育馆、厂房、住宅、影剧院等。构筑物则是人们不在其中生产、生活的建筑,如烟囱、水塔、电塔、桥梁、堤坝等。

建筑的形成主要涉及建筑学、结构学、给水排水、供暖通风、空调技术、电气、消防、自动控制、建筑声学、建筑热工学、建筑材料、建筑施工技术等方面的知识和技术。同时,建筑也受到政治制度、自然条件、经济基础、社会需要以及人工技巧等因素影响。建筑在一定程度上反映了某个时期的建筑风格与艺术,也反映了当时的社会活动和工程技术水平。因此,建筑工程是一门集社会、工程技术和文化艺术于一体的综合性学科,是一个时代物质文明、精神文明和政治文明的产物。

二、建筑的基本构成要素

无论是建筑物还是构筑物,都是由三个基本要素构成的,即建筑功能、物质技术条件和建筑形象。

(一)建筑功能

所谓建筑功能,是指建筑在物质方面和精神方面的具体使用要求,也是人们建造房屋的目的。不同的功能要求产生了不同的建筑类型,如建造住宅是为了居住、生活和休息,建造工厂是为了生产,建造学校是为了学习,建造商店是为了买卖交易,建造影剧院是为了文化娱乐等。随着社会的不断发展和物质文化生活水平的提高,建筑功能将日益复杂化、多样化。

(二)物质技术条件

建筑的物质技术条件是实现建筑功能的物质基础和技术手段。物质基础包括建筑材料与制品、建筑设备和施工机具等,技术条件包括建筑设计理论、工程计算理论、建筑施工技术和管理理论等。其中,建筑材料和结构是构成建筑空间环境的骨架,建筑设备是保证建筑达到某种要求的技术条件,而建筑施工技术则是实现建筑生产的过程和方法。

(三)建筑形象

建筑形象是建筑体型、立面式样、建筑色彩、材料质感、细部装饰等的综合反映。好的建筑形象具有一定的感染力,给人以精神上的满足和享受,如雄伟庄严、朴素大方、简洁明快、生动活泼、绚丽多姿等。建筑形象并不单纯是一个美观的问题,它还应该反映时代的生产力水平、文化生活水平和社会精神面貌,反映民族特点和地方特征等。

上述三个基本构成要素中,建筑功能是主导因素,它对建筑的物质技术条件和建筑形象起决定作用;物质技术条件是实现建筑功能的手段,它对建筑功能起制约或促进的作用;建筑形象则是建筑功能、建筑的物质技术条件和建筑艺术的综合表现。在优秀的建筑作品中,这三者是辩证统一的。

三、建筑工程的概念

建筑工程是指为新建、改建或扩建房屋建筑物和附属构筑物设施所进行的规划、勘察、设计和施工、竣工等各项技术工作和完成的工程实体,是指各种房屋、建筑物的建造工程,又称建筑工作量。这部分投资额必须兴工动料,通过施工活动才能实现。

四、建筑工程的基本属性

建筑工程的基本属性包括以下几个方面。

(一)综合性

建造一项工程设施一般要经过勘察、设计和施工三个阶段,需要运用工程地质勘察、水文地质勘察、工程测量、土力学、工程力学、工程设计、建筑材料、建筑设备、工程机械、建筑经济等学科和施工技术、施工组织等领域的知识以及电子计算机和力学测试等技术。所以,建筑工程是一门范围广阔的综合性学科。

(二)社会性

建筑工程是伴随着人类社会的发展而发展起来的。所建造的工程设施反映出各个历史时期社会经济、文化、科学、技术发展的面貌,因而建筑工程也就成为社会历史发展的见证者之一。

(三)实践性

建筑工程涉及的领域非常广泛,因此影响建筑工程的因素极其复杂,使得建筑工程对实践的依赖性很强。

(四)技术、经济和建筑艺术上的统一性

建筑工程是为人类需要服务的,所以它必然是集一定历史时期社会经济、技术和建筑文化艺术于一体的产物,是技术、经济和建筑艺术统一的结果。

第二节　建筑物的分类与等级

一、建筑物的分类

(一)按建筑物的使用性质分

1. 民用建筑

民用建筑指非生产性建筑,如各类学校、住宅、办公楼、商店、医院、影院等。

2. 农业建筑

农业建筑指用于农副业生产的建筑,如畜禽饲养场、粮仓等。

3. 工业建筑

工业建筑指用于工业生产的建筑,如主要生产厂房、辅助生产厂房等。

(二)按主要承重结构材料分

1. 砖木结构建筑

建筑物的主要承重构件用砖和木材。其中墙、柱用砖砌,楼板、屋架用木材,如砖墙砌体、木楼板、木屋盖的建筑。

2. 砖混结构建筑

建筑物中的墙、柱用砖砌,楼板、楼梯、屋顶用钢筋混凝土。

3. 钢筋混凝土结构建筑

建筑物的主要承重构件如梁、柱、板及楼梯用钢筋混凝土,而非承重墙用砖砌或其他轻质砌块,如用装配式大板、大模板、滑模等工业化方法建造的建筑,用钢筋混凝土建造的高层、大跨度、大空间结构的建筑。

4. 钢结构建筑

建筑物的主要承重构件由钢材做成,而用轻质块材、板材做围护外墙和分隔内墙,如全部用钢柱、钢屋架建造的厂房。

5. 钢钢筋混凝土结构建筑

如钢筋混凝土梁、柱和钢屋架组成的骨架结构厂房。

6. 其他结构建筑

如充气塑料建筑、塑料建筑、生土建筑等。

(三)按高度或层数分

1. 住宅建筑

低层1~3层,多层4~6层,中高层7~9层,10层以上为高层。

2. 公共建筑及综合性建筑

建筑物总高度在24m以下者为非高层建筑,总高度24m以上者为高层建筑(不包括高度超过24m的单层主体建筑)。

3. 超高层

不论住宅或公共建筑,超过100m均为超高层。

二、建筑物的分级

不同建筑的质量要求各异,为了便于控制和掌握,常按建筑物的耐久年限和耐火程度分级。

(一)建筑物的耐久年限

建筑物的耐久年限主要根据建筑物的重要性和建筑物的质量标准而定,是建筑投资、建筑设计和选用材料的重要依据,见表1-1。

表1-1 按主体结构确定的建筑耐久年限分级

级 别	适用范围	耐久年限/a
一	重要建筑和高层建筑	>100
二	一般性建筑	50~100
三	次要建筑	25~50
四	临时性建筑	<15

(二)建筑物的耐火等级

耐火等级取决于房屋的主要构件的耐火极限和燃烧性能。民用建筑物的耐火等级分为四级,见表1-2。它们是按组成房屋的主要构件的燃烧性能和它们的耐火极限划分的。

1.构件的耐火极限

耐火极限是指任一建筑构件按时间-温度标准曲线进行耐火试验,从受到火的作用时起,到失去支撑能力或完整性被破坏或失去隔火作用时止的这段时间,用小时(h)表示。

2.构件的燃烧性能

根据建筑材料在明火或高温作用下的变化特征,建筑构件的燃烧性能可分为三类。

(1)不燃性。这种构件(如金属、砖、石、混凝土等)在空气中受到火烧或高温作用时,具有不起火、不微燃、不碳化的性能。

(2)难燃性。这种构件(如板条抹灰墙等)在空气中受到火烧或高温作用时,具有难起火、难微燃、难碳化的性能。

(3)可燃性。这种构件(如木柱、木吊顶等)在明火或高温作用下立即起火或微燃的性能。

表1-2 不同耐火等级建筑相应构件的燃烧性能和耐火极限(h)

构件名称		耐火等级			
		一级	二级	三级	四级
墙	防火墙	不燃性 3.00	不燃性 3.00	不燃性 3.00	不燃性 3.00
	承重墙	不燃性 3.00	不燃性 2.50	不燃性 2.00	难燃性 0.50
	非承重外墙	不燃性 1.00	不燃性 1.00	不燃性 0.50	可燃性
	楼梯间和前室的墙 电梯井的墙 住宅建筑单元之间的墙 分户墙	不燃性 2.00	不燃性 2.00	不燃性 1.50	难燃性 0.50
	疏散走道两侧的隔墙	不燃性 1.00	不燃性 1.00	不燃性 0.50	难燃性 0.25
	房间隔墙	不燃性 0.75	不燃性 0.50	难燃性 0.50	难燃性 0.25
柱		不燃性 3.00	不燃性 2.50	不燃性 2.00	难燃性 0.50
梁		不燃性 2.00	不燃性 1.50	不燃性 1.00	难燃性 0.50
楼板		不燃性 1.50	不燃性 1.00	不燃性 0.50	可燃性
屋顶承重构件		不燃性 1.50	不燃性 1.00	可燃性 0.50	可燃性
疏散楼梯		不燃性 1.50	不燃性 1.00	不燃性 0.50	可燃性
吊顶(包括吊顶格栅)		不燃性 0.25	难燃性 0.25	难燃性 0.15	可燃性

第三节　建筑标准化和建筑模数协调

一、建筑标准化

建筑标准化是在建筑工程方面建立和实现有关的标准、规范、规则等的过程。建筑标准化的目的是合理利用原材料,促进构配件的通用性和互换性,实现建筑工业化,以取得最佳经济效果。

建筑标准化的基础工作是制定标准,包括技术标准、经济标准和管理标准。其中技术标准包括基础标准、方法标准、产品标准和安全卫生标准等,应用最广。建筑标准化要求建立完善的标准化体系,其中包括建筑构配件、零部件、制品、材料、工程和卫生技术设备以及建筑物和它的各部位的统一参数,从而实现产品的通用化、系列化。建筑标准化工作还要求提高建筑多样化的水平,以满足各种功能的要求,适应美化和丰富城市景观并反映时代精神和民族特色。

随着建筑工业化水平的提高和建筑科学技术的发展,建筑标准化的重要性日益明显,所涉及的领域也日益扩大。许多国家以最终产品为目标,用系统工程方法对生产全过程制定成套的技术标准,组成相互协调的标准化系统。运用最佳理论和预测方法,制定超前标准等,已经成为实现建筑标准化的新形式和新方法。

二、统一模数制

为了实现工业化大规模生产,使不同材料、不同形式和不同制造方法的建筑构配件、组合件具有一定的通用性和互换性,使建筑设计各部分尺寸、建筑构配件、建筑制品的尺寸统一协调,加快设计速度,提高施工质量和效率,降低造价,在建筑业中必须共同遵守《建筑模数协调标准》(GB/T 50002—2013)。

建筑模数是选定的尺寸单位,作为尺度协调中的增值单位。所谓尺度协调是指房屋构件(组合件)在尺度协调中的规则,供建筑设计、建筑施工、建筑材料与制品、建筑设备等采用,其目的是使构配件安装吻合,具有互换性。

1. 基本模数

基本模数的符号为 M,1M＝100mm。

2. 导出模数

导出模数分为扩大模数和分模数,其模数应符合下列规定。

(1)扩大模数。扩大模数指基本模数的整数倍数,扩大模数的基数为 3M、6M、12M、15M、30M、60M 共六个。

(2)分模数。分模数指整数除基本模数的数值,分模数的基数为 M/2、M/5、M/10 共三个。

3. 模数数列

模数数列指以基本模数、导出模数为基础扩展成的一系列尺寸,为《建筑模数协调标准》(GB/T 50002—2013)所展开的模数数列的数值系统。模数数列在各类建筑的应用中,其尺寸的统一与协调应减少尺寸的范围,但又应使尺寸的叠加和分割有较大的灵活性。

第四节　工程建设程序

基本建设程序是指一栋房屋由开始拟定计划至建成投入使用必须遵循的程序。我国当前基本建设程序的内容和步骤主要有:前期工作阶段,主要包括项目建议书、可行性研究、设计工作;建设实施阶段,主要包括施工准备、建设实施;竣工验收阶段和后评估阶段。

一、前期工作阶段

(一)项目建议书

项目建议书是基本建设程序中最初阶段的工作,是投资决策前对拟建项目的总体设想。项目建议书的主要作用是论述建设的必要性、条件的可行性和获利的可能性,供基本建设管理部门选择并确定是否有必要进行下一步工作。项目建议书报经有审批权限的部门批准后,方可进行可行性研究工作。

(二)可行性研究

项目建议书一经批准,即可着手进行可行性研究。可行性研究是指在项目决策前,通过对与项目有关的工程、技术、经济等各方面条件和情况进行调查、研究、分析,对各种可能的建设方案和技术方案进行比较论证,并对项目建成后的经济效益进行预测和评价的一种科学分析方法,由此考察项目技术上的先进性和适用性,经济上的盈利性和合理性,建设上的可能性和可行性。可行性研究是项目前期工作中最重要的内容,它从项目建设和生产经营的全过程考察分析项目的可行性,其目的是回答项目是否必须建设,是否可能建设和如何进行建设的问题,其结论为投资者的最终决策提供直接的依据。因此,凡大中型项目以及国家有要求的项目,都要进行可行性研究,其他项目有条件的也要进行可行性研究。

(三)设计工作

一般建设项目设计过程划分为初步设计和施工图设计两个阶段。对技术复杂而又缺乏经验的项目,可根据不同行业的特点和需要,在两个阶段间增加技术设计阶段,为解决总体部署和开发问题,还须进行规划设计或编制总体规划,规划审批后编制符合规定深度要求的实施方案。

1. 初步设计

初步设计的内容依项目的类型不同而有所变化,一般来说,它是项目的宏观设计,即项目的总体设计、布局设计,包括主要的工艺流程、设备的选型和安装设计,土建工程量及费用的估算等。初步设计文件应当满足编制施工招标文件、主要设备材料订货和编制施工图设计文件的需要,是下一阶段施工图设计的基础。

2. 施工图设计

施工图设计的主要内容是根据批准的初步设计,绘制出正确、完整和尽可能详细的建筑、安装图纸。施工图设计完成后,必须由施工图设计审查单位审查并加盖审查专用章后使用。审查单位必须是取得审查资格且具有审查权限要求的设计咨询单位。经审查的施工图设计还必须经有审批权的部门审批。

二、建设实施阶段

(一)施工准备

(1)建设开工前的准备,主要内容包括征地、拆迁和场地平整,完成施工用水、电、路等工程;组织设备、材料订货,准备必要的施工图纸,组织招标投标(包括监理、施工、设备采购、设备安装等方面的招标投标)并择优选择施工单位,签订施工合同。

(2)项目开工审批,建设单位在工程建设项目经过批准、建设资金已经落实、各项准备工作就绪后,应当向当地建设行政主管部门或项目主管部门及其授权机构申请项目开工审批。

(二)建设实施

1.项目新开工建设时间

开工许可审批之后即进入项目建设施工阶段。开工之日,按统计部门的规定,是指建设项目设计文件中规定的任何一项永久性工程(无论生产性或非生产性)第一次正式破土开槽、开始施工的日期。公路、水库等需要进行大量土石方工程的项目,以开始进行土石方工程的日期作为正式开工日期。

2.年度基本建设投资额

国家基本建设计划使用的投资额指标,是以货币形式表现的基本建设工作,是反映一定时期内基本建设规模的综合性指标,年度基本建设投资额是建设项目当年实际完成的工作量,包括用当年资金完成的工作量和动用库存的材料、设备等内部资源完成的工作量;而财务拨款是当年基本建设项目实际货币支出。投资额以构成工程实体为准,财务拨款以资金拨付为准。

3.生产或使用准备

生产准备是生产性施工项目投产前所要进行的一项重要工作。它是基本建设程序中的重要环节,是衔接基本建设和生产的桥梁,是建设阶段转入生产经营的必要条件。使用准备是非生产性施工项目正式投入运营使用前所要进行的工作。

三、竣工验收阶段

1.竣工验收的范围

根据国家规定,所有建设项目按照上级批准的设计文件所规定的内容和施工图纸的要求全部建成,工业项目经负荷试运转和试生产考核能够生产合格产品,非工业项目符合设计要求,能够正常使用,都要及时组织验收。

2.竣工验收的依据

按国家现行规定,竣工验收的依据是经过上级审批机关批准的可行性研究报告、初步设计或扩大初步设计(技术设计)、施工图纸和说明、设备技术说明书、招标投标文件和工程承包合同、施工过程中的设计修改签证、现行的施工技术验收标准及规范以及主管部门有关审批、修改、调整文件等。

3. 竣工验收的准备

竣工验收的准备主要有三方面的工作。一是整理技术资料。各有关单位(包括设计、施工单位)应将技术资料进行系统整理,由建设单位分类立卷,交生产单位或使用单位统一保管。技术资料主要包括土建方面、安装方面及各种有关的文件,合同和试生产的情况报告等。二是绘制竣工图纸。竣工图必须准确、完整、符合归档要求。三是编制竣工决算。建设单位必须及时清理所有财产、物资和未花完或应收回的资金,编制工程竣工决算,分析预(概)算执行情况,考核投资效益,报规定的财政部门审查。竣工验收必须提供相应的资料文件。一般非生产性项目的验收要提供以下文件资料:项目的审批文件、竣工验收申请报告、工程决算报告、工程质量检查报告、工程质量评估报告、工程质量监督报告、工程竣工财务决算批复、工程竣工审计报告、其他需要提供的资料。

4. 竣工验收的程序和组织

按国家现行规定,建设项目的验收根据项目的规模大小和复杂程度可分为初步验收和竣工验收两个阶段。规模较大、较复杂的建设项目应先进行初验,然后进行全部建设项目的竣工验收。规模较小、较简单的项目,可以一次性进行全部项目的竣工验收。

生产性项目的验收根据行业不同有不同的规定。工业、农业、林业、水利及其他特殊行业,要按照国家相关的法律、法规及规定执行。上述程序只是反映项目建设共同的规律性程序,不可能反映各行业的差异性。因此,在建设实践中,还要结合行业项目的特点和条件,有效地贯彻执行基本建设程序。

四、后评估阶段

建设项目后评估是工程项目竣工投产、生产运营一段时间后,再对项目的立项决策、设计施工、竣工投产、生产运营等全过程进行系统评价的一种技术经济活动。通过建设项目后评价以达到肯定成绩、总结经验、研究问题、吸取教训、提出建议、改进工作、不断提高项目决策水平和投资效果的目的。我国目前开展的建设项目后评估一般都按三个层次组织实施,即项目单位的自我评价、项目所在行业的评价和各级发展计划部门(或主要投资方)的评价。

第二章 建筑地基基础及地下室工程施工管理

第一节 地基基础的处理控制

1.减少建筑地基不均匀沉降的基本措施

建筑物地基是直接承受构造体上部荷载的地层。地基应具有优异的稳定性,在荷载作用时沉降均匀,使建筑物沉降平稳一致。如果地基土质分布不均匀,处理措施不当,就会产生不均匀沉降,将影响到建筑物的正常安全使用,轻者上部墙身开裂、房屋倾斜,重则建筑物倒塌,危及生命,并造成财产损失。

引起地基出现不均匀沉降的主要原因如下。一是地质勘查报告的准确性差,真实性不高,其勘查点不按规定布置,如钎探中布孔不准确或孔深不到位;也有的抄袭相邻建筑物的资料。这些问题都容易造成设计人员的分析、判断和设计出现错误,使建筑物可能产生不均匀沉降,甚至发生结构破坏。二是设计方面存在问题,建筑物长度超长、体型复杂且凸凹转角较多,未能在适当部位设置沉降缝,基础及房屋整体性刚度不足等,都会引起建筑物产生过大的不均匀沉降。三是施工方面可能存在问题,没有按程序要求对基槽进行验收,基础施工前或施工中就扰动了地基土。在已建成的建筑物周围堆放大量的土或建筑材料、砌筑质量不满足要求等原因,都会造成建筑物在建成后出现不均匀沉降。结合大量工程实践及总结,减少建筑物地基不均匀沉降有以下有针对性的方法和措施。

(1)对建筑应采取的措施。

1)确保勘查报告的真实、可靠。地质勘查报告是设计人员对基础设计的主要设计依据,不能有半点虚假,为此必须提高地质勘查人员的业务水平、政治素养和职业道德,并加强责任感,使其结合实际情况,按规定进行勘查,这样才能使勘查报告具有真实性和可靠性。

2)房屋建筑体型力求简单。在软弱地基土上建造的房屋,其平面应力求简单,避免凹凸转角,因为其主要部位基础交叉,使应力集中,如果结构复杂,则易产生较大沉降量。

3)在平面的转角部位、高度或荷载差异较大处、地基土的压缩性有明显差异的部位,房屋长高比过大时,在建筑体的适当部位均设置沉降缝。沉降缝应从基础至屋面将房屋垂直断开,并有一定的宽度,以预防不均匀沉降引起墙体的碰撞。

4)保持相邻建筑物基础间的净距离。在已有房屋旁新增建筑物时,或相邻建筑物的高度差异、荷载差异较大时,需要留置一定宽的间隔距离,以避免相互基础压力叠加而形成附加沉降量。

5)控制好建筑物的标高。各个建筑单元、地下管线、工业设备等的原有标高,会伴随着地基的不断下沉而变化。因此,可预先采取一定措施给以提高,即根据预先设想的沉降量,提高室内地面和地下设施的标高。

(2)对结构应采取的措施。

1)加强上部构造的刚度。当上部构造的刚度很大时,可以改善基础的不均匀沉降。即便基础有一些不大的沉降,也不会产生过大的裂缝;相反,当上部构造的整体刚度较弱时,即便基础有些沉降量不大,上部结构也会产生裂缝。所以,在建筑物的设计构造中,加强其整体刚度是重要环节。

2)减少基底附加应力。减少基底附加应力可以减少地基的沉降与不均匀沉降量,减轻房屋的自身重量可以减轻基底压力,是预防和减轻地基不均匀沉降的有效措施之一。在具体应用中,可以使用轻质材料(如常用的多孔砖或其他轻质墙体材料),选择轻质结构(如预应力钢筋混凝土结构、轻钢结构及各种轻型空间结构),选择自重较轻、覆土较少的基础形式,如浅埋的宽基础、有地下室或半地下室的基础、室内地面架空地坪等形式。此外,可以采取较大的基础底面积,减少基底附加压力,以减少沉降量。

3)加强基础的刚度。要加强基础平面的整体刚度,设置必要的条形基础予以拉结,在地基土质变化或荷载变化处加设钢筋混凝土地梁。根据地基及建筑物荷载的实际情况,可以选择钢筋混凝土加肋条形基础、柱下条形基础、筏形基础、箱形基础、柱形基础等结构形式。这些类型的结构形式整体刚度大,能扩大基底支承面,并可协调不均匀沉降。

4)地基基础的设计要控制变形值。必须进行基础最终沉降量和偏心距的重复计算,基础最终沉降量应当控制在《建筑地基基础设计规范》(GB 50007—2011)规定的限值以内。当天然地基不能满足房屋的沉降变形控制要求时,必须采取技术措施,如打预制钢筋混凝土短柱等。

(3)施工中应采取的措施。

1)在施工过程中如果发现地基土质过硬或过软,同勘查资料不一致,或者出现空洞、枯井、暗渠情况,应本着使建筑物各部位沉降尽量趋于一致、以减少地基不均匀沉降的规定进行局部处置。

在基础开挖时不要扰动地基土,习惯做法是在基底要保留 200mm 左右的原状土不动,待垫层施工时,再由人工挖除。假若坑底土被扰动过,将扰动土全挖掉,用戈壁土重新回填夯实。要重视打桩、井点降水及深基坑开挖对附近建筑物基础的影响。

2)当建筑物设计有高、低和轻、重不同部分时,要先施工高、重部分,使得有一定的沉降稳定后,再施工低、轻部分,或者先施工房屋的主体部分,再施工附属房屋,这样也可以减轻一部分沉降差。同时,在已建成的小、轻型建筑物周围,不宜堆放大量的土石方和建筑材料,以免由于地面堆压引起建筑物的附加压力而加大沉降。

3)由于地基分布具有复杂性,勘探点布置具有有限性,因而应该特别重视地基的验槽工作,尽可能地在基础施工前,发现并根治地基土可能产生的不均匀沉降的质量隐患,以弥补在工程勘查工作中存在的不足。

4)在工业与民用建筑中,要准确掌握建筑物的下沉情况,并及时发现对建筑物可能产生损害的沉降现象,以便采取有效措施,保证房屋能安全使用,同时也为今后合理设计基础提供有效资料。因此,在建筑物施工过程和使用过程中,进行沉降观察是必不可少的。

从总体工程而言,一般地基基础费用占工程总造价的 20% ~ 25%,对于高层建筑或需要对地基进行处置时,则基础费用会达到 30% 左右。地基一旦出现质量事故,带给建筑物的影响较大,其加强修补工作要比上部结构困难得多,甚至无法实施。如果能在设计、材料选择及施工方面引起足够重视,从实际出发采取有效措施,就可以完全有效地预防和控制基础不均匀沉降的产生,确保建筑工程的质量安全,为居民提供安全、可靠的居住环境。

2. 建筑软弱地基的处理方法

工程中,通常把埋入土层一定深度的建筑物下部承重结构称为基础。建筑物荷载通过基础传递至土层,使土层产生附加应力和变形,由于土粒间的接触与传递,向四周土中扩散并逐渐减弱。我们把土层中附加应力与变形所不能忽略的那部分土层或岩层,称为地基。基础是建筑物和地基之间的连接体。基础把建筑物竖向体系传来的荷载传给地基。从平面上可见,竖向结构体系将荷载集中于点或分布成线形,但作为最终支承机构的地基,提供的是一种分布的承载能力。地基具有一定的深度与范围,埋置基础的土层称为持力层;在地基范围内持力层以下的土层称为下卧层,强度低于持力层的下卧层称为软弱下卧层。基底下的附加应力较大,基础应埋置在良好的持力基层上,如图 2-1 所示。

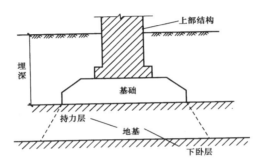

图 2-1　地基与基础示意图

基础是建筑物的重要组成部分,地基与基础处理不当,将影响到建筑物的正常使用功能与安全,轻则上部结构开裂、倾斜;重则建筑物倒塌,危及生命与财产安全。

(1)常见不良地基土及其特点。良好的地基一般具有较高的承载力与较低的压缩性,易于承重,能够满足工程上的要求。如果地基承载力不足,就可以判定为软弱地基。软弱地基是指由软土(淤泥及淤泥质土)、冲填土、杂填土、松散砂土及其他具有高压缩性的土层构成的地基,这些地基的共同特点是模量低、承载力小。软弱地基的工程性质较差,必须采取措施对软弱地基进行处理,提高其承载能力。

1)软黏土:软黏土也称软土,是软弱黏性土的简称。它形成于第四纪晚期,属于海相、泻湖相、河谷相、湖沼相、溺谷相、三角洲相等的黏性沉积物或河流冲积物,多分布于沿海、河流中下游或湖泊附近地区。常见的软弱黏性土由淤泥和淤泥质土组成。软土的物理力学性质包括如下几个方面。

A. 物理性质:黏粒含量较多,塑性指数 I_p 一般大于 17,属黏性土。软黏土多呈深灰、暗绿色,有臭味,含有机质,含水量较高,一般大于 40%,而淤泥也有大于

80％的情况。孔隙比一般为1.0～2.0,其中孔隙比为1.0～1.5时称为淤泥质黏土,孔隙比大于1.5时称为淤泥。由于其具有高黏粒含量、高含水量、大孔隙比的特点,因而其力学性质也就呈现与之对应的特点,即低强度、高压缩性、低渗透性、高灵敏度。

B.力学性质:软黏土的强度极低,不排水强度通常仅为5～30kPa,表现为承载力基本值很低,一般不超过70kPa,有的甚至只有20kPa。软黏土尤其是淤泥灵敏度较高,这也是区别于一般黏土的重要指标。软黏土的压缩性很大。通常情况下,软黏土层属于正常固结土或超微固结土,但有些土层特别是新近沉积的土层有可能属于欠固结土。渗透系数很小是软黏土的又一重要特点,渗透系数小则固结速率就很低,有效应力增长缓慢,从而沉降稳定慢,地基强度增长也十分缓慢。这一特点是严重制约地基处理方法和处理效果的重要因素。

C.工程特性:软黏土地基承载力低,强度增长缓慢;加荷后易变形且不均匀;变形速率大且稳定时间长;具有渗透性小、触变性及流变性大的特点。常用的地基处理方法有预压法、置换法、搅拌法等。

2)杂填土:杂填土主要出现在一些老的居民区和工矿区内,是人们的生活和生产活动所遗留或堆放的垃圾土。这些垃圾土一般分为3类:建筑垃圾土、生活垃圾土和工业生产垃圾土。不同类型的垃圾土、不同时间堆放的垃圾土很难用统一的强度指标、压缩指标、渗透性指标加以描述。由于杂填土的主要特点是无规划堆积、成分复杂、性质各异、厚薄不均、规律性差,因而同一场地表现为压缩性和强度的明显差异,极易造成不均匀沉降,通常都需要进行地基处理。

3)冲填土:冲填土是人为的用水力冲填方式而沉积的土层,近年来多用于沿海滩涂开发及河漫滩造地。西北地区常见的水坠坝(也称充填坝)即是冲填土堆筑的坝。冲填土形成的地基可视为天然地基的一种,它的工程性质主要取决于冲填土的性质。冲填土地基一般具有如下重要特点。

A.颗粒沉积分选性明显,在入泥口附近,粗颗粒较先沉积,远离入泥口处,所沉积的颗粒变细;同时,在深度方向上存在明显的层理。

B.冲填土的含水量较高,一般大于液限,呈流动状态。停止冲填后,表面自然蒸发后常呈龟裂状,含水量明显降低,但当排水条件较差时,下部冲填土仍呈流动状态,冲填土颗粒越细,这种现象越明显。

C.冲填土地基早期强度很低、压缩性较高,这是因为冲填土处于欠固结状态。

冲填土地基随静置时间的增长逐渐达到正常固结状态。其工程性质取决于颗粒组成、均匀性、排水固结条件及冲填后的静置时间。

4)饱和松散砂土:粉砂或细砂地基在静荷载作用下常具有较高的强度。但是当振动荷载(地震、机械振动等)作用时,饱和松散砂土地基则有可能产生液化或大量震陷变形,甚至丧失承载力。这是因为土颗粒松散排列并在外部动力作用下使颗粒的位置产生错位,以达到新的平衡,瞬间产生较高的超静孔隙水压力,有效应力迅速降低。对这种地基进行处理的目的就是使它变得较为密实,消除在动荷载作用下产生液化的可能性。常用的处理方法有挤出法、振冲法等。

5)湿陷性黄土:在上覆土层自重应力作用下,或者在自重应力和附加应力共同作用下,因浸水后土的结构破坏而发生显著附加变形的土,称为湿陷性土,属于特殊土。有些杂填土也具有湿陷性。广泛分布于我国东北、西北、华中和华东部分地区的黄土多具湿陷性(这里所说的黄土泛指黄土和黄土状土。湿陷性黄土又分为自重湿陷性黄土和非自重湿陷性黄土,也有的老黄土不具湿陷性)。在湿陷性黄土地基上进行工程建设时,必须考虑由于地基湿陷引起的附加沉降对工程可能造成的危害,选择适宜的地基处理方法,避免或消除地基的湿陷或因少量湿陷所造成的危害。

6)膨胀土:膨胀土的矿物成分主要是蒙脱石,它具有很强的亲水性,吸水时体积膨胀,失水时体积收缩。这种胀缩变形往往很大,极易对建筑物造成损坏。膨胀土在我国的分布范围很广,如广西、云南、河南、湖北、四川、陕西、安徽、江苏等地均有不同范围的分布。膨胀土是特殊土的一种,常用的地基处理方法有换土、土性改良、预浸水及防止地基土含水量变化等工程措施。

7)含有机质土和泥炭土:当土中含有不同的有机质时,将形成不同的有机质土,在有机质超过一定含量时,就形成泥炭土,它具有不同的工程特性。有机质的含量越高,对土质的影响越大,主要表现为强度低、压缩性大,并且对不同工程材料的掺入有不同影响等,直接对工程建设或地基处理构成不利的影响。

8)山区地基土:山区地基土的地质条件较为复杂,主要表现在地基的不均匀性和场地的不稳定性两个方面。由于自然环境和地基土的生成条件影响,场地中可能存在大孤石,场地环境也可能存在滑坡、泥石流、边坡崩塌等不良地质现象。它们会给建筑物造成直接或潜在的威胁。在山区地基建造建筑物时要特别注意场地环境因素及不良地质现象,必要时对地基进行处理。

9)岩溶(喀斯特)：在岩溶地区常存在溶洞或土洞、溶沟、溶隙、洼地等。地下水的冲蚀或潜蚀使其形成和发展，它们对建筑物的影响很大，易出现地基不均匀变形、崩塌和陷落。因此，在修建建筑物前，必须对基地进行必要的处理。

(2)软弱地基的处理方法。软弱地基未经人工加固处理是不能在上面修筑基础和建筑物的，处理后的地基称为人工地基。地基处理的目的就是针对在软弱地基上修筑建造物可能出现的问题，采取各种手段来提高地基土的抗剪强度，增大地基承载力，改善土的压缩特性，从而达到满足工程建设的需要。由于软弱地基的复杂性和多样性，到目前为止，已经形成了许多种不同的地基处理方法，按照其原理的不同，可分为以下几种：置换法、预压法、压实与夯实法、挤密法、拌和法、加筋法、灌浆法等。下面对以上几种方法进行简要叙述，供广大工程建设人员参考。

1)置换法。置换法包括以下几种。

A.换填法：将表层不良地基土挖除，然后回填有较好压密特性的土进行压实或夯实，形成良好的持力层，从而改变地基的承载力特性，提高抗变形和稳定能力。

施工要点：将要转换的土层挖尽，注意坑边稳定；保证填料的质量；填料应分层夯实。

B.振冲置换法：利用专门的振冲机具，在高压水射流下边振边冲，在地基中成孔，再在孔中分批填入碎石或卵石等粗粒料形成桩体。该桩体与原地基土组成复合地基，达到提高地基承载力，减小压缩性的目的。

施工要点：碎石桩的承载力和沉降量很大程度取决于原地基土对其的侧向约束作用，该约束作用越弱，碎石桩的作用效果越差，因而该方法用于强度很低的软黏土地基时，必须慎重行事。

C.夯(挤)置换法：利用沉管或夯锤的办法将管(锤)置入土中，使土体向侧边挤开，并在管内(或夯坑)放入碎石或砂等填料。该桩体与原地基土组成复合地基，由于挤、夯使土体侧向挤压，地面隆起，土体超静孔隙水压力提高，当超静孔隙水压力消散后，土体强度也有相应的提高。

施工要点：当填料为透水性好的砂及碎石料时，是良好的竖向排水通道。

2)预压法。预压法包括以下几种。

A.堆载预压法：在施工建筑物前，用临时堆载(砂石料、土料、其他建筑材料、货物等)的方法对地基施加荷载，给予一定的预压期，使地基预先压缩完成大部分沉降并使地基承载力得到提高；卸除荷载后再建造建筑物。

施工要点:预压荷载一般宜取等于或大于设计荷载;大面积堆载可采用自卸汽车与推土机联合作业,对超软土地基的第一级堆载用轻型机械或进行人工作业;堆载的顶面宽度应小于建筑物的底面宽度,底面应适当放大;作用于地基上的荷载不得超过地基的极限荷载。

B.真空预压法:在软黏土地基表面铺设砂垫层,用土工薄膜覆盖且周围密封。用真空泵对砂垫层抽气,使薄膜下的地基形成负压。随着地基中气和水的抽出,地基土得到固结。为了加速固结,也可采用打砂井或插塑料排水板的方法,即在铺设砂垫层和土工薄膜前打砂井或插排水板,达到缩短排水距离的目的。

施工要点:先设置竖向排水系统,水平分布的滤管埋设宜采用条形或鱼刺形,砂垫层上的密封膜采用2或3层的聚氯乙烯薄膜,按先后顺序同时铺设。面积大时宜分区预压;做好真空度、地面沉降量、深层沉降、水平位移等观测;预压结束后,应清除砂槽和腐殖土层,并应注意对周边环境的影响。

C.降水法:降低地下水位可减少地基的孔隙水压力,并增加上覆土自重应力,使有效应力增加,从而使地基得到预压。这实际上是通过降低地下水位,靠地基土自重来实现预压目的的。

施工要点:一般采用轻型井点、喷射井点或深井井点;当土层为饱和黏土、粉土、淤泥和淤泥质黏性土时,此时宜辅以电极相结合。

D.电渗法:在地基中插入金属电极并通以直流电,在直流电场作用下,土中水将从阳极流向阴极形成电渗。不让水在阳极补充而从阴极的井点用真空抽水,这样就使地下水位降低、土中含水量减少,从而使地基得到固结压密,强度提高。电渗法还可以配合堆载预压法,用于加速饱和黏性土地基的固结。

3)压实与夯实法。压实与夯实法包括以下几种。

A.表层压实法:利用人工夯、低能夯实机械、碾压或振动碾压机械对比较疏松的表层土进行压实,也可对分层填筑土进行压实。当表层土含水量较高时或填筑土层含水量较高时,可分层铺垫石灰、水泥进行压实,使土体得到加固。

B.重锤夯实法:重锤夯实就是利用重锤自由下落所产生的较大冲击能来夯实浅层地基,使其表面形成一层较为均匀的硬壳层,获得一定厚度的持力层。

施工要点:施工前应试夯,确定有关技术参数,如夯锤的重量、底面直径及落距、最后下沉量及相应的夯击次数和总下沉量;夯实前槽、坑底面的标高应高出设计标高;夯实时地基土的含水量应控制在最优含水量范围内;大面积夯实时应按顺序;基底标高不同时应先深后浅;冬期施工时,当土已冻结时,应将冻土层挖去或通过烧热法将土层融解;结束后,应及时将夯松的表土清除或将浮土在接近 1m 的落距夯实至设计标高。

C.强夯夯实法:强夯是强力夯实的简称。将很重的锤从高处自由下落,对地基施加很高的冲击能,反复多次夯击地面,地基土中的颗粒结构发生调整,土体变密实,从而能较大限度地提高地基强度和降低压缩性。

施工工艺流程:平整场地;铺级配碎石垫层;强夯置换设置碎石墩;平整并填级配碎石垫层;满夯一次;找平,并铺土工布;回填风化石渣垫层,用振动碾碾压 8 次。

4)挤密法处理。其包括以下几种。

A.振冲密实法:利用专门的振冲器械产生的重复水平振动和侧向挤压作用,使土体的结构逐步破坏,孔隙水压力迅速增大。由于结构破坏,土粒有可能向低势能位置转移,这样土体将由松变密。

施工工艺:平整施工场地,布置桩位;施工车就位,振冲器对准桩位;启动振冲器,使之徐徐沉入土层,直至加固深度以上 30～50cm,记录振冲器经过各深度的电流值和时间,提升振冲器至孔口,再重复以上步骤 1～2 次,使孔内泥浆变稀;向孔内倒入一批填料,将振冲器沉入填料中,进行振实并扩大桩径,重复这一步骤,直至该深度电流达到规定的密实电流为止,并记录填料量;将振冲器提出孔口,继续施工上节桩段,一直完成整个桩体振动施工,再将振冲器及机具移至另一桩位;在制桩过程中,各段桩体均应符合密实电流、填料量和留振时间三方面的要求,基本参数应通过现场制桩试验确定;施工场地应预先开设排泥水沟系,将制桩过程中产生的泥水集中引入沉淀池,可定期将池底部厚泥浆挖出送至预先安排的存放地点,沉淀池上部比较清的水可重复使用;最后,应挖去桩顶部 1m 厚的桩体,或用碾压、强夯(遍夯)等方法压实、夯实,铺设并压实垫层。

B.沉管砂石桩(碎石桩、灰土桩、OG 桩、低强度等级桩等):利用沉管制桩机械在地基中锤击、振动沉管成孔或静压沉管成孔后,在管内投料,边投料边上提(振动)沉管形成密实桩体,与原地基组成复合地基。

C.夯击碎石桩(块石墩):利用重锤夯击或者强夯方法将碎石(块石)夯入地基,在夯坑里逐步填入碎石(块石)反复夯击,以形成碎石桩或块石墩。

5)拌和法。拌和法包括以下几种。

A.高压喷射注浆法(高压旋喷法):以高压力使水泥浆液通过管路从喷射孔喷

出,直接切割破坏土体的同时与土拌和并起部分置换作用。凝固后成为拌和桩(柱)体,这种桩(柱)体与地基一起形成复合地基。也可以用这种方法,形成挡土结构或防渗结构。

B. 深层搅拌法:主要用于加固饱和软黏土。它利用水泥浆体、水泥(或石灰粉体)作为主固化剂,应用特制的深层搅拌机械将固化剂送入地基土中与土强制搅拌,形成水泥(石灰)土的桩(柱)体,与原地基组成复合地基。水泥土桩(柱)的物理力学性质取决于固化剂与土之间所产生的一系列物理-化学反应。固化剂的掺入量及搅拌均匀性和土的性质,是影响水泥土桩(柱)性质及复合地基强度和压缩性的主要因素。

施工工艺:定位;浆液配制;送浆;钻进喷浆搅拌;提升搅拌喷浆;重复钻进喷浆搅拌;重复提升搅拌;当搅拌轴钻进、提升速度为$(0.65\sim1.0)$ m/min 时,应重复搅拌一次;成桩完毕,清理搅拌叶片上包裹的土块及喷浆口,桩机移至另一桩位施工。

6)加筋法。加筋法包括以下几种。

A. 土工合成材料:一种新型的岩土工程材料。它以人工合成的聚合物,如塑料、化纤、合成橡胶等为原料,制成各种类型的产品,置于土体内部、表面或各层土体之间,发挥加强或保护土体的作用。土工合成材料可分为土工织物、土工膜、特种土工合成材料和复合型土工合成材料等类型。

B. 土钉墙技术:土钉一般通过钻孔、插筋、注浆来设置,但也有通过直接打入较粗的钢筋和型钢、钢管形成土钉。土钉沿通长与周围土体接触,依靠接触界面上的黏结摩擦阻力,与其周围土体形成复合土体。土钉在土体发生变形的条件下被动受力,并主要通过其受剪作用对土体进行加固。土钉一般与平面形成一定的角度,故称为斜向加固体。土钉适用于地下水位以上或经降水后的人工填土、黏性土、弱胶结砂土的基坑支护和边坡加固。

7)加筋法:将抗拉能力很强的拉筋埋置于土层中,利用土颗粒位移与拉筋产生的摩擦力使土与加筋材料形成整体,减少整体变形和增强整体稳定性。拉筋是一种水平向增强体,一般使用抗拉能力强、摩擦因数大且耐蚀的条带状、网状、丝状材料,如镀锌钢片、铝合金、合成材料等。

8)灌浆法:利用气压、液压或电化学原理,将能够固化的某些浆液注入地基介质中或建筑物与地基的缝隙部位。灌浆的浆液可以是水泥浆、水泥砂浆、黏土水泥浆、黏土浆、石灰浆及各种化学浆材,如聚氨酯类、木质素类、硅酸盐类等。根据灌浆的目的,可分为防渗灌浆、堵漏灌浆、加固灌浆等。按灌浆方法,可分为压密灌浆、渗入灌浆、劈裂灌浆和电化学灌浆。灌浆法在水利、建筑、道桥及各种工程领域有着广泛的应用。

通过上述对软弱地基的特点、软弱地基形成原因的分析,工程设计时应当依据地探报告对拟建区域内的地基土的组成及力学性质,在设计阶段进行必要的核算,选用合理的基础形式;在实际施工过程中,坚决按照施工流程对地基进行处理,把好原材料选用关和施工质量关,使地基承载力要求达标,使新建项目安全、可靠。

3. 条形基础应用时常见问题及对策

对于多层砌体房屋,现在仍然常采用条形基础。条形基础根据所采用的材料,分为刚性条形基础和墙下钢筋混凝土条形基础。刚性条形基础以前通常用砖或毛石砌筑,但随着经济的发展,在实际工程中,此类基础形式已经不再采用,一般采用混凝土或钢筋混凝土条形基础。以下就在设计应用过程中存在的部分常见问题,结合工程实践进行总结、分析和探讨。

(1)最小配筋率不能满足。现行条形基础《混凝土结构设计规范》中规定:对卧置于地基上的混凝土板,板中受拉钢筋的最小配筋率可适当降低,但不应小于0.15%。图2-2是在审图时出现的一个实例,其纵向钢筋明显不满足最小配筋率。此种情况可按下列方法处理:如果基础宽度在虚线范围以内,也就是满足刚性基础的要求时,可以不用满足最小配筋率;如果基础宽度超过虚线所示的范围,就要满足最小配筋率的要求。

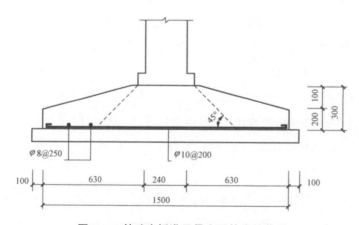

图2-2 基础底板满足最小配筋率的范围

（2）基础宽度不做调整。在纵横墙承重的砌体房屋中，横墙承受楼板荷载与自身重量，外纵墙也承受楼板荷载与自身重量，但外纵墙承受的楼板荷载要小得多。当有阳台时，外纵墙还承受阳台荷重。按墙体各自的荷载计算的基础宽度相差太大，且存在两个问题：一是未考虑纵横墙的共同工作，在垂直荷载作用下，荷载由横墙向纵墙扩散，纵横墙之间存在着竖向应力互相扩散传递的问题；二是在纵横墙相交处有基础面积重叠的部分，若不调整纵横墙的基础宽度，总的基础面积将会减少，在基础宽度较大时尤为突出。

鉴于上述两个问题，墙体按各自的荷载计算出的基础宽度须做调整。在实际工程设计时，建议按下列方法来确定基础宽度调整系数：将纵横墙相交处定为节点，每个节点的范围为相邻开间中心至中心距离 b_1 乘以相邻进深中至中距离 b_2。每个节点减少的面积设为分配面积 A，分配此面积的分担长度为 L，按各自墙体所承受的荷载计算的基础宽度为 b，增加的基础宽度为 Δb，增加后的基础宽度为 B。以图 2-3 中节点 1 为例说明 $L=1/2(3.6+3.0)-1/Lb_1+1/2b_2$，$\Delta b=A/L$，基础宽度调整系数 $K=B/b$。

按地基承载力标准值 $f_{ak}=180\text{kPa}$ 计算图 2-3 中各节点的值，墙体厚度均为 240mm，见表 2-1。

表 2-1　节点 1、节点 2 的 k 值计算结果

节点	墙	$q/(\text{kN/m})$	b/m	A/m^2	L/m	$\Delta b/\text{m}$	B/m	k
1	纵	150	0.89				1.0	1.124
	横	262	1.56	0.507	4.625	0.11	1.67	1.071
	纵	150	0.89				1.07	1.202
2	横	262	1.56	1.108	6.23	0.18	1.74	1.115
	横	311	1.85				2.03	1.097

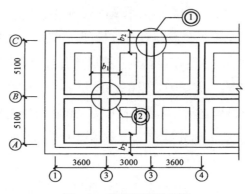

图 2-3　基础平面示意图

根据上述推导原则,在设计砖混住宅条形基础时,采用表 2-2 和表 2-3 进行基础宽度的修正。

表 2-2　条形基础宽度调整系数 k (7 层)

地基承载力特征值 f_{ak}/APa	横　墙	外纵墙	有阳台外纵墙	楼梯间内纵墙	内纵墙
300	1.00	1.05	1.11	1.15	1.20
250	1.00	1.07	1.16	1.20	1.34
200	1.05	1.06	1.18/1.21	1.30	1.34
180	1.05	1.10	1.25/1.27	1.47	1.56
150	1.15	1.15	1.26/1.32	1.48	1.44

表 2-3　条形基础宽度调整系数 k (6 层)

地基承载力特征值 f_{ak}/APa	横　墙	外纵墙	有阳台外纵墙	楼梯间内纵墙	内纵墙
300	0.95	1.05	1.14	1.25	1.35
250	1.00	1.05	1.12	1.18	1.24
200	1.00	1.10	1.20	1.13	1.55

地基承载力 特征值 f_{ak}/APa	横　墙	外纵墙	有阳台外纵墙	楼梯间内纵墙	内纵墙
180	1.05	1.05	1.17/1.19	1.28	1.35
150	1.10	1.10	1.22/1.25	1.40	1.42

表中,有阳台外纵墙一列中,斜线左侧为一开间阳台、二开间纵墙承担的基础宽度调整系数,斜线右侧为一开间阳台、一开间半纵墙承担的基础宽度调整系数。根据荷载大小、承载力情况酌情调整后,使地基压应力尽量分布均匀,从而沉降一致。

（3）基础圈梁不能取消。开发商一般都会要求降低造价,有的要求取消基础圈梁。但不分情况、一律取消基础圈梁是不可取的。设置基础圈梁可以增强基础整体性和刚度,特别是对于地基为软弱土层、土质不均匀或者底层开设较大洞口的住宅,增设圈梁、加大圈梁配筋更有必要。通常,圈梁高度不宜小于200mm,纵向钢筋不应小于 $4\varphi12$。

（4）全地下室还是采用条形基础。当多层住宅带全地下室时,建筑要做柔性防水层,如果还是采用条形基础,在实际操作中是有很大困难的。图2-4是一个工程实例,施工方采用了图中的方法进行施工,地面还要设置具有一定刚度的混凝土板保护防水层。此种情况可采用图2-5所示的筏形基础,筏板并不需要太厚,通常400mm 左右即可满足受力要求。两者相比,筏形基础整体受力性能更好,可以降低造价、方便施工,优势更显而易见。

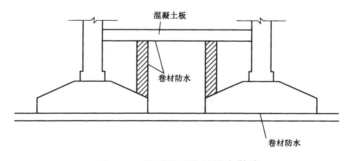

图 2-4　条形基础卷材防水做法

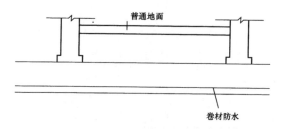

图 2-5　筏形基础卷材防水做法

（5）基础局部未处理。图 2-6 为一工程实例,在多层住宅建筑中,两户阳台中间的分隔墙落地,图中的⑥轴线 A 轴下方的墙体即阳台中间的落地墙体,其端部有阳台梁传来的集中荷载,通常采用图 2-6 的方法处理,基础自墙端外出 1000mm,外出部分的基础受力类似独立基础,Z—Z 基础的分布筋仅为 φ8@250,如果不做特别处理,还是采用此分布筋,但与此处的受力情况不符,此时应根据地基反力大小加大钢筋的分布,这样比较符合此处的受力情况。

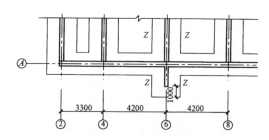

图 2-6　条形基础局部处理平面示意图

（6）基础未做适当归纳整理。现在工程都采用软件设计,微机出图,如果工程直接采用软件程序形成的图,不做任何调整,会给施工造成较大的难度。图 2-7 是一个工程实例,同一纵墙上的基础类型较多、较乱,给实际的施工操作带来很大的麻烦,此种情况应适当归纳调整,并考虑施工的方便性。

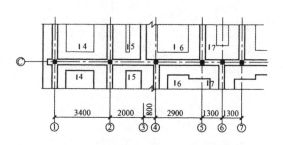

图 2-7　基础需归纳调整的平面示意图

以上列举了在校审图纸时出现的几种常见基础设计情况。常用的条形基础设计虽然看似简单,但还是要处处留心、精益求精,才能保证工程质量,保证工程安全、可靠。

4.水泥稳定碎石基层施工质量控制

水泥稳定碎石是一种半刚性基层,因其强度高、稳定性好、抗冲刷能力强及工程造价低等特点,被广泛应用于高等级公路基层施工中。但水泥稳定碎石的性能必须通过骨料(也称集料)的合理组成设计和有效施工控制才能实现,以避免其他方面的不足,如性脆、抗变形能力差,在温度和湿度变化及车辆荷载作用下易产生裂缝,从而导致路面早期破坏,缩短路面的使用寿命。

(1)原材料的组成设计。

1)水泥:水泥的选用关系到水泥稳定碎石基层的质量,应选用初凝时间 3h 以上和终凝时间较长(宜在 8h 以上)的水泥。不应使用快硬水泥、早强水泥及受潮变质的水泥。水泥是水泥稳定碎石基层的重要黏结材料,水泥用量的多少不仅对基层的强度有影响,还对基层的干缩特性有影响。水泥用量太少,水泥稳定碎石基层强度不满足结构承载力要求;太多则不经济,且会使基层裂缝增多、增宽,引起面层的反射裂缝。所以,必须严格控制水泥用量,做到既经济合理,又确保水泥稳定碎石基层的施工质量。水泥技术指标见表 2-4。

表 2-4　水泥技术指标

初凝	终凝	抗压强度/MPa		抗折强度/MPa		安定性	细度	标准
时间/h	时间/h	3d	28d	3d	28d		（%）	稠度
3.6	8.0	20.9	41.5	4.0	7.8	合格	1.2	30.6

2)碎石:石料最大粒径不得超过 31.5mm,骨料压碎值不得大于 30%;石料颗粒中细长及扁平颗粒含量不超过 11%,并不得掺有软质的破碎物或其他杂质;石料按粒径可分为小于 9.5mm 及 9.5~31.5mm 两级,并与砂组配,通过试验确定各级石料及砂的掺配比例。基层骨料技术要求见表 2-5。

表 2-5　基层骨料技术要求

最大粒径/mm	压碎值(%)	有机质含量(%)	硫酸盐含量(%)	液限(%)	塑性指数(%)
≤31.5	≤30	≤2	≤0.25	≤28	≤9

3)天然砂:砂进场前应对砂的表观密度、砂当量、筛分试验和含泥量等进行试验,在进料过程中再进行颗粒分析和含泥量检测,有必要时进行有机质含量和硫酸盐含量试验检测。

4)配合比:混合料中掺加部分天然砂,可增加施工和易性,减少混合料离析,使路面结构层具有良好的强度和整体性。基层混合料的级配范围见表 2-6,配合比设计成果见表 2-7。

表 2-6　基层混合料的级配范围

结构类型	通过下列筛孔(方孔筛 mm)的百分数								
	37.5	31.5	26.5	19.0	9.5	4.75	2036	0.6	0.075
基层		100%	90%~100%	72%~89%	47%~67%	29%~49%	17%~35%	8%~22%	0~7%

表 2-7　基层配合比设计成果

架构类型	配合比	水泥剂量(%)	最佳含水量(%)	最大干密度/(g/cm³)
基层	碎石:石屑:中粗砂 =48:40:12	5.0	6.3	2.32

(2)水泥稳定碎石试验段。为使水泥稳定碎石基层施工程序化、规范化和标准化,施工单位必须要认真做好试验段,试验段的长度不得少于 100m,对其进行总结,掌握施工中存在的问题和解决方法,确定施工人员、机械设备、试验检测的合理配置,由此提出指导大面积施工的指导方案。

(3)混合料的拌和。

1)拌和及含水量的控制:采用集中搅拌厂拌和施工,拌和设备的工作性能、生产能力、计算准确性及配套协调是控制混合料拌和质量的关键,建设单位及监理应对稳定碎石的拌和设备进行统一要求,除按投标文件承诺的拌和设备可以进场外,拌和设备必须是强制式的,且新购置的设备只能在一个施工项目中使用,拌和能力不小于60t/h,并配有电子计量装置,加强设备的调试,拌和时应做到配料准确、拌和均匀,拌和时的含水量宜比最佳含水量大0.5％~1.0％,以补偿施工过程中水分蒸发带来的损失,且应根据骨料含水量的大小、气候、气温变化的实际情况及运输和运距情况,及时调整用水量,确保施工时处于最佳含水量状态。

2)水泥用量的控制:水泥用量是影响水泥稳定碎石强度和质量的重要原因。考虑到各种施工因素及设备计量控制的影响,现场拌和的水泥用量要比试验室配比的剂量大,一般要比设计值多用0.3％~0.5％,但总量不能超过3％,发现偏差应及时纠正。

(4)混合料的施工程序:施工放样→立模→摊铺(检查含水量)→稳压→找补→整形→碾压(检查验收)→洒水→养护。

1)混合料的运输:由于路面各合同段的施工长度有限,每个施工单位只能设立一处混合料拌和站,若混合料的运距较远,就须用大吨位(12~15t)自卸车辆运送,并加盖篷布。施工单位应认真掌握混合料的情况,保证混合料从出料到摊铺不超出2h,超过规定时间的混合料不得使用。

2)混合料的摊铺:水泥稳定碎石的摊铺质量直接影响到路面的使用耐久性,要求使用ABC系列摊铺机全幅摊铺或使用两台窄幅摊铺机梯级形摊铺。混合料的松铺系数可通过试验段确定,一般可控制在1.28~1.35范围内。要保证水泥稳定碎石的施工质量,必须注意以下几点。

A.摊铺前,对底基层标高进行测量检查,每隔10m检查一个断面,每个断面查5个控制点,发现不合格时须进行局部处理,并将底基层表面浮土、杂物清除干净,洒水保湿。

B.测量放样也是保证施工质量的关键,应保证施工放样及时,平面位置、标高得到有效控制。摊铺机就位后,要重新校核钢丝绳的标高。加密并稳固钢丝绳固定架,拉紧钢丝绳,固定架由直径16~18mm的普通钢筋加工而成,长度一般为70cm左右,钢丝绳采用直径3mm,固定架应固定在铺设边缘30cm处,桩钉间距以5m为宜,曲线段可按半径大小适当加密。

C.摊铺过程中,摊铺机的材料输送器要配套,螺旋输送器的宽度应比摊铺宽度小50cm左右,过宽会浪费混合料;过窄会使两侧边缘部位50cm范围内的混合料摊铺密度过小,影响摊铺效果,必要时可用人工微型夯实设备对边部50cm范围内进行夯实处理。由于全幅摊铺,螺旋输送器传送到边缘部位的混合料容易出现离析现象,应及时换填。摊铺时应采用人工对松铺层边缘进行修整,并对摊铺机摊铺不到位或摊铺不均匀的地方进行人工补料,确保基层平整度。

D. 使用两台窄幅摊铺机梯级形摊铺时,两台摊铺机的作业距离应控制在 15m 以内,并注意两次摊铺结合处的保湿及处理。进行第二层水泥稳定碎石摊铺时,为利于两层的结合,建议在第一层水泥稳定碎石层上均匀洒浇水泥稀浆。摊铺过程中,还应兼顾拌和机出料的速度,适当调整摊铺速度,尽量避免停机待料的情况。在摊铺机后配设专人消除粗骨料离析等现象,铲除离析、过湿、过干等不合格的混合料,并在碾压前添加合格的拌和料进行填补和找平。

E. 施工冷缝的处理:对于因施工作业段或机械故障原因出现的作业冷缝,在进行下次摊铺前,必须在基层端部 2~3m 进行挖除处理,强度满足要求时,可由切割机进行切割,保证切割断面的顺直和清理彻底,并可在接缝处洒水泥浆,以方便新旧混合料结合。

(5)混合料的碾压。

1)摊铺完成后,应立即进行碾压。上机碾压的作业长度以 20~50m 为宜。作业段过长,摊铺后的混合料表面热量散失过大会影响压实效果,使作业段过短,因而在两个碾压段结合处压路机碾次数不一样,将会出现波浪状。

2)碾压机械的配置及碾压次数由水泥稳定碎石试验结果来确定,机械配置以双光轮压路机与胶轮压路机相结合,并遵循光轮静压(稳压)—胶轮提浆稳压的原则进行,稳压应不少于 2 次,振压不少于 4 次,胶轮提浆不少于 2 次,压路机碾压时可适当喷水,压实度达到重型击实标准 98% 以上。

3)碾压时,应遵循先轻后重,由低位到高位,由边到中,先稳压后振动的原则,碾压时控制混合料的含水量处于最佳值。错轴时应重叠 1/2 幅宽,相邻两作业段的接头处按 45°的阶梯形错轮碾压,静压速度应控制在 25m/min,振动碾压速度控制在 30m/min,严禁压路机在已完成或正在碾压的水泥稳定碎石上紧急制动或调头。

4)在光轮静压(稳压)时,若发现有混合料离析或表面不平,可由人工更换离析混合料或进行找补处理。进行第二层水泥稳定碎石摊铺时,为利于两层的结合,建议在第一层水泥稳定碎石上均匀洒浇水泥稀浆。

5)水泥稳定碎石基层进行压实度检测时,要求全部范围都应达到规范规定的压实度要求,一般碾压 6~8 次,最后用 14t 的压路机进行光面,以确保基层表面达到平整、无轮迹和隆起,外观应平整、光洁。

(6)质量控制要点。

1)要严格控制水泥用量,水泥用量宜控制在 5.5％。水泥用量太高,强度可以保证,但其抗干缩性能就会下降;水泥用量太低,基层强度难以保证。

2)基层混合料应具有嵌挤结构,31.5mm 以上颗粒的含量不应少于 65％。集料应尽可能不含有塑性细土,小于 0.075mm 的颗粒含量不能超过 5％~7％,以减少水泥稳定材料的收缩性和提高其抗冲刷能力,混合料摊铺时应尽量减少骨料离析现象。

3)为减少干缩裂缝的产生,可采取如下措施:①选择合适的基层材料和组成设计;②减少骨料中的黏土含量,以控制骨料中细骨料的含量和塑性指数;③在保证满足基层强度要求的前提下,尽可能减少水泥用量;④严格控制混合料碾压时的含水量处于最佳含水量状态;⑤减少水稳基层的暴晒时间,养护期结束后,立即铺筑罩面层。

4)在混合料中加入适量的膨胀剂,对早期干缩裂缝的产生有一定的抑制作用,并在一定程度上提高水泥稳定碎石基层的抗弯拉强度。

5)水泥稳定碎石基层碾压完成后早期 7d,养护条件至关重要,必须进行湿法养护,有效解决其抗干缩和温缩性能。

(7)养护及交通管制。每一碾压段碾压完成并经压实度检查合格后,应立即养护,严禁将新成型的基层暴晒。宜采用覆盖洒水养护,具体做法为:预先将麻袋片或土工布湿润,人工覆盖在基层顶面,2h 后用洒水车洒水养护。养护期不少于7d,7d 内保持基层处于湿润状态,28d 内正常养护。用洒水车洒水养护时,洒水车的喷头要采用喷雾式喷管,不得用高压式喷管,以免破坏基层结构。养护期间应定期洒水,安排专人经常检查基层表面潮湿状态和洒水的均匀性,根据天气情况随时调整洒水次数,始终保持基层表面潮湿。养护期间封闭交通,禁止车辆通行。

通过上述工程应用实践介绍可知,水泥稳定碎石基层属于半刚性基层,由于强度和刚度是耐久性的需要,稳定性好,要保证其施工质量,须严格控制施工程序,加强养护和交通管制,完善施工工艺,通过试验段实际施工,总结并全面指导施工,进一步取得施工经验后,才能开始大面积施工。

5.黄灰土基层施工质量及防治措施

黄灰土是将熟石灰粉[氢氧化钙 Ca(OH)$_2$]和黄土按一定比例拌和均匀,在接近最优含水量时夯实或压实后,熟石灰粉水化后和土壤中的二氧化硅或三氧化二铝、三氧化二铁等物质结合,生成硅酸钙、铝酸钙及铁酸钙,将土壤颗粒胶结起来并逐渐硬化后形成具有较高强度、水稳性和抗渗性的人工合成土。黄土多为粉土或粉质黏土,颗粒较细,塑性指数较大,做灰土的拌和料优于砂性土,可就地取材、易压实、造价低。灰土按灰土和黄土虚方体积比例分为3∶7灰土和2∶8灰土,广泛应用于湿陷性黄土地区的建筑地基处理和既有建筑地基的加固,如多层建(构)筑物的基础或垫层,灰土挤密桩、孔内深层夯扩挤密桩、灰土井桩的填充料,道路工程地基的换填垫层,地下室外墙、水池的防潮防水填料,散水、台阶、院坪的垫层,可达到提高地基承载力和防水防渗的目的,但灰土抗冻、耐水性能差,在地下水位以下或寒冷潮湿的环境中不宜使用。

黄灰土基层的使用受设计、施工、环境等因素的影响,并易产生各种工程质量问题,分析其成因后提出以下具体预防措施。

(1)黄灰土工程勘查设计控制。

1)在工程勘查中,岩土勘查等级及地基基础设计存在人为降低建筑物勘查设计等级时,应依据《岩土工程勘查规范》(GB 50021—2001,2009年版)第3.1节确定工程重要性等级、场地及地基的复杂程度后,再确定岩土勘查等级;按照《建筑地基基础设计规范》(GB 50007—2011)确定地基基础设计等级。湿陷性黄土地区的许多中小勘查设计单位错误地认为湿陷性黄土地基只要土层均匀、湿陷等级不高均可视作简单场地和地基,甚至忽略了挖山填沟等复杂情况,从而导致许多高低层建筑的岩土勘查等级及地基基础设计等级人为降低了一个等级,使勘查点数量和勘查钻孔深度不足,设计时勘查报告依据不足,地基变形控制、地基基础的监测等要求降低,给灰土地基处理埋下了隐患。

2)湿陷性黄土地区的建筑类别划分错误。《湿陷性黄土地区建筑规范》(GB 50025—2004)(以下简称"黄土规范")中第3.0.1条根据拟建在湿陷性黄土场地上的建筑物的重要性、地基受水浸湿可能性大小和在使用期间对地基不均匀沉降限制的严格程度,将建筑物分为甲、乙、丙、丁4类,附录E给出了各类建(构)筑物的分类举例。

一些勘查设计单位在勘查设计中对建筑类别不划分或仅从建筑高度来确定,忽略了建筑物重要程度、建筑对湿陷沉降敏感程度的影响,从而降低了建筑类别;部分设计人员把建筑物抗震设防类别混同于湿陷性黄土地区的建筑类别,可能造成部分建筑类别提高;有的虽正确划分了建筑类别,但该类建筑的地基处理措施、结构措施及防水措施未达到规范要求,如基础长度很长的多层建筑在严重的湿陷性黄土场地上甚至采用了整体性很差、对湿陷沉降敏感的砖条形基础或独立基础、采用砖砌的室内管沟等。

3)灰土工程设计常见问题:岩土勘查等级及地基基础设计等级、建筑类别的正确确定是灰土工程设计质量的前提和依据,并应在设计文件中提出湿陷性黄土地区建筑物施工、使用及维护的防水措施的具体要求,从而保证建筑安全。灰土垫层法处理地基常见的设计问题:灰土垫层的厚度不够,地基处理后剩余湿陷量不能满足要求;灰土垫层的平面处理范围不能满足规范要求;灰土垫层的承载力取值较高而又没有验算下卧软弱素土垫层的承载力;灰土及土垫层厚度超过 5m 后的深基坑未进行支护设计,造成基坑塌方;设计要求的地基承载力试验点不足;等等。

灰土挤密桩、孔内深层夯扩挤密桩和灰土井桩法处理地基常见的设计问题:地基处理深度不足,剩余湿陷量超出规范要求;处理平面范围超出基础外边缘尺寸过小,造成防水隐患;桩孔直径的确定未考虑夯实设备和方法,设计与施工现场实际情况不符;按正三角形布孔计算桩孔间距时依据土的最大干密度不具代表性,又未提出施工前试桩调整设计参数的要求,造成桩孔间距过大或过小;基坑底及桩顶标高控制不准确;复合地基承载力特征值过高或过低;设计要求的现场单桩或多桩复合地基载荷试验点数量不足;未要求载荷试验提供变形模量来验证设计的地基变形等问题。

应通过初步设计评审、设计单位施工图三级校审制度、施工图审查来解决灰土工程的勘查设计问题,设计审查答复意见及修改的图纸应作为设计文件的一部分及时交付建设各方使用;对施工期间出现的异常状况必须通过设计单位来处理,设计变更资料应及时归档。

(2)黄灰土工程勘查施工控制。

1)灰土配合比的应用:灰土中土料和熟石灰体积比例不准确,没有认真过筛拌匀或将石灰粉均匀撒在土的表面,造成石灰含量偏差很大,局部粗细颗粒离析导致松散起包或地基软硬不一,灰土地基承载力、稳定性、抗渗性降低,压实系数离散而被评定不合格;塑性指数高的土遇水膨胀,失水收缩,土较石灰对水更敏感,土的比例越大,灰土越易出现裂缝;欠火石灰的碳酸钙由于分解不完全而缺乏黏结力,过火石灰则在灰土成型后才逐渐消解熟化、膨胀引起灰土"蘑菇"状隆起开裂。黄土可采用就地挖出或外运的土方,最大颗粒不大于 15mm,塑性指数一般控制在 12~20,使用前应先过筛,清除杂质;石灰可采用充分消解的质量等级Ⅲ级以上的消石灰粉,不得含有 5mm 以上的生石灰块,控制欠火石灰和过火石灰含量,活性氧化物含量不少于 60%,使用前应过筛,存放应采取设棚等防风避雨措施,石灰遭雨淋失效或搁置时间过长活性降低,需复检、加灰。符合要求的土、灰按虚方体积比例拌和 2 次或 3 次,混合料颜色应一致,分层铺设后在 24h 内碾压,以避免石灰土中钙镁含量的衰减。对于黏粒含量多于 60%、塑性指数大于 25 的重黏土可分两次加灰,第一次加一半生石灰闷料约 2~3d,降低含水量后,土中胶状颗粒能更好地结合,再补足剩余灰进行拌和。

2)灰土含水量的控制:根据施工时气温及时调整灰土的含水量,在最佳含水量的±2%范围内变化碾压,否则可能出现干、湿"弹簧"。过湿碾压出现颤动、扒缝及"橡皮泥",碾压时如果表层过湿,灰土会被压路机轮子黏起;表层过干,不用振动压路机时,压实度无法满足要求,振动碾压时又易发生推移而起皮,碾压成型后,洒水又不能使水分渗透到灰土内部,造成干缩裂缝。

灰土混合料接近最佳含水量时可做到"手握成团,落地开花"。碾压前土料水分过大或遭雨淋时,应晾晒,加入生石灰后可降低含水量约 5%;含水量过小时应洒水润湿,避开午间高温,随拌随压;碾压成型后,如不摊铺上层灰土,应不断洒水养护,加速灰土的结硬过程。

3)试验段施工质量控制:灰土试验段施工可以确定压实机械型号、碾压基本原则、分层虚铺厚度及压实后厚度,测定最佳含水量。试验中发现质量问题后对上述因素进行分析,查明原因后调整参数,试验成功后再大规模施工。

4)灰土常见裂缝:灰土作业段过长时,不能在有效时间内碾压成型,突然降雨造成施工中断后,部分勉强成型的灰土可能会出现"结壳""龟裂";灰土拌和机性能不佳、机械操作人员水平不高、下承层顶面不平等因素,可能会造成基层的下部存在夹层,碾压方式不当,易产生壅包现象;施工场地狭小,将分段开挖或其他基坑内开挖的土方大量堆在已压实的灰土地基上,超载引起灰土表面大面积较深的锅底状沉降裂缝;基坑下存在未探明的孔洞、墓穴、枯井等,地基受力后塌陷开裂渗水沉降;成型后的灰土养护不及时,1~2d 内灰土水化反应后失水,体积减小,产生干缩,降温时体积收缩,灰土表面易产生大量裂缝,高温时尤为明显,这种开裂如果不与土质互相影响,则开裂程度轻微且深度较浅,否则将产生较深、较宽、面积较大的龟裂。灰土碾压时,应根据投入的压实机械台数及气候条件,合理选择作业面长度;碾压时遵循"先轻后重""先边后中""先慢后快"、直线段"先两边后中间"、曲线超高段"先内后外"的原则,连续碾压密实;避免在压实灰土地基上超载堆土;基坑底探孔布置应 1m 见方,深度应不少于 4m,探孔用三七灰土捣实以免漏水,地基受力层内探明的孔洞、墓穴、地道等必须彻底开挖,遇孤石或旧建筑物基础时必须清除,用灰土夯实;灰土成型后及时回填基坑,否则覆盖养护 7d 以上。

5)灰土表面不平整:灰土分层铺设标高控制不严或标高点间距过大,灰土验收厚度不足,用 50mm 以下的灰土贴补碾压时容易导致起皮;房心灰土表面平整偏差过大,又未进行最后一次整平夯实,会使地面混凝土垫层厚薄不均匀,造成地面开裂、空鼓。

灰土摊铺厚度宜留有余地,整平时加密控制标高点间距,技术人员应及时复核,避免薄层补贴,对已经出现凹凸不平的部位应修平后补填灰土夯实,最后再满夯一次。

6)灰土接搓不当:如果基坑过长,分段碾压灰土时没有分层留搓或接搓处灰土未搭接,未严格分层铺填夯打,可能造成接搓部位不密实、强度降低、防水效果变差,地基浸水湿陷沉降后,使上部建筑开裂。灰土水平分段施工时,不得在墙角、桩基和承重窗间墙下接搓,接搓时每层虚土应从留搓处往前延伸 500mm;当灰土地基高度不同时,应做成阶梯形,每阶宽不少于 500mm;铺填灰土应分层并夯打密实;对做结构辅助防渗层的灰土应将水位以下结构包围封闭,接缝表面打毛,并适当洒水润湿,使紧密结合部渗水,立面灰土先支侧模,打好灰土,再回填外侧土方。

7)灰土早期泡水软化:基坑回填前或基础施工遭遇雨期,基坑积水或排水不畅,灰土表面未做临时性覆盖,灰土地基受水浸泡后疏松、抗渗性下降。施工单位应编制雨期施工方案备用,遇雨前抢压灰土,保住上层封下层,用防雨布覆盖压完的灰土,下雨时应停止碾压,及时抽水、排水,避免基坑浸泡。灰土完成后及时进行基础施工和基坑回填,否则表面进行临时性覆盖,保证灰土压成后 3d 内不受水浸泡;尚未夯实或刚夯打完的灰土如果遭受雨淋浸泡,应将积水和松软灰土除去并补填夯实,稍受浸湿的灰土晾干后再夯打密实。

8)灰土受冻胀后引起疏松、开裂:冬春季降温时施工,在受冻的基层上铺设掺杂有冻块的灰土料,或夯完后未及时覆盖保温,灰土受冻后自表面起一定厚度内疏松或皲裂,灰土间黏结力降低,承载力明显降低或者丧失。

当气温不低于-9℃,冻结历时不超过6h,灰土含水量不大于13％时,压实灰土不受冻结的影响。冻结使土中水逐渐成冰导致土体冻胀,冰的强度远高于灰土土体,抵消了部分压实功,使压实质量降低。灰土冻结历时越长,孔隙水冻结越充分,大孔隙中水先冻结,把大颗粒顶起,随着小孔隙水冻结将大颗粒向上抬升,造成热筛效应,影响灰土碾压效果,而且温度越低,冻结历时越长,影响越大。

冬春季施工现场控制平均温度不宜低于5℃,最低温度不宜低于-2℃,灰料、土料应覆盖保温。夹有冻块的土料不得使用;已熟化的石灰应在次日用完,以充分利用石灰熟化时的热量;灰土随拌随用;已受冻胀变松散的灰土应铲除,再补填夯打密实,否则应边铺边压,尽量减少冻结历时;压好的土体立即用草帘或彩条布盖好,防止冻胀,越冬时应覆盖足够厚的素土,压实后对灰土地基进行保护。

9)地基土含水量异常:采用垫层法处理地基时,基坑底土层局部含水量过大时可深挖晾晒或换填好土,或用小直径洛阳铲成孔的生石灰桩吸水挤密处理;基坑表层过湿可撒生石灰粉吸水;近河岸或地下水位较高的基坑内为淤泥质土时可抛石挤淤,依次间隔打大直径生石灰砂石桩以降低含水量,稳定土层后先压级配砂石,再压灰土,以上几种措施均可避免灰土碾压时出现橡皮土。

采用灰土挤密桩(孔内深层夯扩桩)时地基土的含水量应在12％~22％之间。当土的含水量小于12％时,桩管难打难拔,挤密效果差,可采用表层水畦(高300~600mm)和深层浸水法(每隔2m左右洛阳铲探直径80mm孔,孔深为0.75倍桩长,填入小石子后浸水)结合的方式处理,使土的含水量接近最优,浸水量需计算确定,浸水后1~3d施工。当土的含水量大于22％或饱和度大于65％时易缩孔,可回灌碎砖渣块和生石灰砂混合料吸水,降低土的含水量,稍停一段时间后再进行打桩。遇到填沟挖山的地基,因地基软硬不一,较硬的地基段桩可采用钻孔挤密桩,此时应考虑复合地基的变形不均匀,对基础及上部采取设计措施。桩顶压灰土垫层施工时,会遇到桩间土层含水量较大的情形,可采用上述基坑底含水量过大时的处理方法,以保证灰土压实质量。

(3)基层质量检测要求。按照《建筑地基处理技术规范》(JGJ 79—2012)及《建筑地基基础工程施工质量验收规范》(GB 50202—2002)和《湿陷性黄土地区规范》(GB 50025—2004)把地基承载力、压实系数、灰土配合比作为对灰土质量验收的主控项目,但是对2∶8灰土和3∶7灰土的适用范围和承载能力,各规范均未区分,也就是说由设计人员确定灰土配比。工程实践经验证明这两种灰土在施工质量保证前提下承载力均可达到设计和规范的要求,压实系数受击实试验、施工工艺、取样深度和位置等多因素影响,经常出现灰土的压实系数大于1或不满足要求、灰土中石灰比例降低等问题。

建筑工程中灰土击实目前无专门标准,应用时多采用《土工试验方法标准》(GB/T 50123—1999),黄土规范中压实系数规定为轻型击实实验,轻重击实实验最大干密度换算系数为1.1,击实试验报告对试验依据及试验方法可能未做说明,引起压实指标差异,灰土配比不易测定;公路工程中有灰土击实试验方法和灰土配比检验最新标准,即《公路工程无机结合料稳定材料试验规程》(JTG E51—2009),击实试验可能使用新旧标准引起压实指标和灰土配比检测差异;灰土含灰量增加时,最优含水量轻微降低,最大干密度显著降低,施工时3∶7灰土含水量若低于最优含水量较大时,灰土不易压实,许多施工单位担心灰土配足时,反而因压实系数不达标准而无法验收,常采用降低灰土配比为2∶8来避免这个问题,因此将试验室提供的是3∶7灰土的最大干密度作为压实质量的控制指标,施工时灰少土多,其干密度就会变大,压实系数也易达标。压实系数、两种灰土承载力均能满足设计要求,设计规范对两种灰土的模糊规定及压实后灰土配合比检测手段有限,掩盖了灰土配比不足、灰土含水量控制不严格造成的灰土压实质量的缺陷,为施工单位随意减少石灰用量创造了条件。

应尽快制定建筑工程灰土的土工试验标准,在规范中应按工程重要程度对2∶8和3∶7灰土的设计适用、承载力、扩散角等均做出区别;试验室提供灰土击实试验报告时,必须注明依据的试验标准和试验方法(区分轻、重型击实仪和击数),最大干密度指标应和现场压实灰土对应,土样、石灰材料必须在施工现场见证取样,当需外运土方时,必须重新取样进行击实实验;灰土拌和时,必须对虚方体积比和含水量加强检测,借助公路工程标准,用石灰干质量占土干质量的质量百分比来控制灰土的配合比,严格计量投入工程的石灰实际用量,来避免随意减少石灰用量;必须按照规范规定的数量和位置,测定每层压实灰土的干密度,试验报告中必须注明土料种类及来源、配合比、试验日期、层数和结论,试验人员签字应齐备,对密实度未达到设计要求的部位,均应有处理方法和复验结果。

灰土工程完成后进行承载力检测或破桩试验时,必须保证设计及施工验收规范规定的试验点数量,使试验结果具有代表性,降低离散程度,真实反映施工质量以验证设计条件,不满足设计要求或超出设计要求很多时,必须修改设计确保安全和降低工程造价。

综上浅述可知,影响建筑物基层常使用的黄灰土工程质量的影响因素众多,可归结为人、机、料、法、环五大因素,其中最关键的还是人的因素,只要建设活动参与主体各方及工程技术人员有强烈的工程质量意识和责任心,严格按照国家标准、规范来设计、施工、检验和验收,做好事前、事中、事后三个阶段的控制,及时发现和解决问题,就一定能够确保黄灰土工程的应用质量。

6.降雨对边坡稳定性的影响及其防护

现在由于气候的反常变化,历时长、强度大的大雨和暴雨已成为导致边坡失稳破坏的重要因素。从建筑角度看,现在考虑的降雨对边坡稳定性影响,主要是饱和—非饱和土理论的研讨及降雨过程中渗流场的变化对边坡稳定性的影响。下面,从饱和—非饱和及渗流的理论、降雨入渗影响边坡稳定性的分析方法和机理、现场及室内试验现状方面对目前国内研究现状进行分析总结,并对存在问题及发展方向提出探讨。

(1)降雨条件下饱和—非饱和渗流问题。

1)饱和土理论。早期降雨对边坡稳定性的影响主要是应用饱和土理论,尽管当时的理论水平并不高,但是同样解决了当时很多的实际问题,并提出了很多的理论模型。例如,20世纪60年代开始,运用数值方法依据饱和渗流模型来模拟降雨作用下边坡体内的渗流场。在70年代以后,这种方法逐渐成功地应用到降雨入渗对边坡稳定性的影响分析中,并得到一系列有价值的指导性结论。在对降雨入渗对边坡稳定性影响的分析研究中,饱和土体的渗流固结理论的应用,又为有效分析饱和土体渗流过程中土体结构性等复杂因素的影响提供了重要依据。饱和土理论的应用解决了许多实际问题,同时也准确揭示了降雨入渗过程中坡内含水量的变化对边坡土体力学性能的影响。针对这一问题,又对降雨对非饱和土边坡稳定性的影响进行了分析。

2)非饱和土理论。在20世纪60年代提出的非饱和土强度表达式,将与饱和度、土的类型及有关经验系数一同参与计算雨水入渗条件下土体的强度。例如,有人建立了非饱和土体中水分与气体的运移规律,并进行非饱和渗流基质吸引力对边坡稳定性的影响分析,在降雨条件下边坡逐渐饱水过程中,最终的稳定性系数可能会低于传统的计算方法。

由于降雨入渗会造成边坡内土体的水分运动参数及抗剪强度参数的不断变

化,且土体中各向异性渗流对边坡稳定影响比较少,因此,准确模拟渗流变化对边坡内土体力学性质的变化,对降雨入渗下土体、水分、气体等因素的分析仍需要进一步加强。

(2)降雨入渗影响边坡稳定性的分析方法和机理。

1)降雨入渗条件下边坡稳定性分析方法。降雨对边坡的影响过程可以表述为:降雨入渗→土体自重的增加,抗剪强度指标的降低及孔隙水压力的上升→土体的破坏。针对这一过程的分析,主要采用将渗流简化计算的极限平衡法、极限分析法和有限元法,这些方法各有特点。极限分析法应用最早,积累经验多且应用比较广泛,也得到认可;极限分析法更加贴近实际,实用性强;有限元法可以详细计算得到边坡内较详细的单元应力、应变及节点位移等信息。

A.极限平衡法是目前最为有效的研究降雨入渗对边坡稳定性影响的方法,可利用渗流分析软件,求得雨水入渗暂态渗流场,采用极限平衡法了解降雨对边坡稳定性的影响。同时,针对降雨过程中边坡土体内部渗流情况进行研究,并得出在降雨条件下不断软化、黏聚力与内摩擦角不断下降的结论,对于降雨过程中边坡稳定性,实际工程中一般采用简化方法粗略计算渗流的作用,然后采用极限平衡法进行分析。

B.极限分析法是有人建立了塑性力学极限分析的上下限理论。在20世纪70年代,陈祖煜将上下限理论用于边坡土体稳定的分析中。而殷建华等采用极限分析上限法考虑了孔隙水的边坡稳定性,并利用有限元上限分析法分析边坡的稳定性。有人利用极限分析法的上下限定理对降雨条件下土体内部饱和一非饱和土体的渗流进行了分析,并提出非饱和渗流计算出的边坡安全系数要比饱和渗流理想状态计算出的安全系数大的结论。尽管在进行边坡稳定分析方法方面用到的极限分析方法较多,但是在结合降雨的条件下用极限分析方法研究得却较少。如何将极限分析法的优点有效地应用到降雨对边坡稳定性的研究中,仍然任重而道远。

C.有限元法是将有限元用于降雨入渗过程中边坡土体的渗流场和应力场,并进行求解。所得的渗流过程中有效应力和孔隙水压力分布与简化的极限平衡法相比较,不仅更符合实际情况,而且能够详细描述边坡土体的整个渐进破坏过程。刘金龙等人利用有限元法对降雨条件下边坡土体内部渗流进行分析,并且得出随着降雨时间的延长,边坡稳定性变化主要受上游裂缝的控制的结论。为了更加有效地求得安全系数,有人提出了有限元强度折减法,这一方法已成功用于边坡稳定性的分析中。夏元友等通过数值模拟分析了降雨入渗条件下边坡的稳定性,并且应用强度折减法得到了考虑降雨入渗影响的边坡安全系数,并对降雨强度、持续时间等影响下边坡稳定性的因素分别进行了对比分析,得出随着降雨入渗强度与时间的增加,边坡的滑动破坏面有着向浅层移动的趋势,安全系数会降低的结论。还有人运用有限元强度折减法研究降雨与地下水对边坡土体的影响,并将有限元强度折减法的结果与极限平衡法的结果进行分析、比较,同时也弥补了极限平衡法的不足。

2)降雨渗入影响边坡稳定性的机理。在降雨入渗条件下,雨水对边坡土体起到了加载作用,也就是雨水使土体的含水量增大,重量变大,从而使滑移面的剪力加大;同时,由于雨水的渗入改变了边坡土体的力学性能,造成其内聚力下降,基质吸水率减弱,抗剪强度降低。边坡土体的自重增加和强度降低,这两个不利因素在雨水入渗过程中影响边坡的稳定性,当达到一定程度就会使边坡失稳。某些学者通过试验分析表明,降雨前边坡的塑性区不存在或者只在坡角处非常小的范围内。随着降雨时间的延续,塑性区范围不断延伸扩展,最后形成潜在滑裂面而造成失稳破坏。

(3)降雨对边坡稳定性影响的研究状况。

1)现场试验情况:现场实验由于有比数值模拟分析更加直接的效果,其借助自然边坡场地测量降雨后边坡土体内部的含水率和基质吸力,并对边坡雨水渗流模型进行分析,主要考虑土体的渗流状态。但是,由于现场试验时间比较长,费用高且设备复杂,在工程实践中不能得到广泛应用。针对实际需要,相对时间短、费用低且表达直接的室内模型试验得到了更加广泛的研究应用。

2)室内模型试验:能直观地观察边坡变形及破坏过程,同时还可以模拟各种较复杂的工程情况,也是边坡破坏机理分析、理论计算模拟、工程设计施工等结果的验证方法。其中,离心模拟试验以其用人工塑造具有工程地质特征和对环境造成影响的边坡,再现自重应力场及与自重有关的变形过程,并可以根据需要灵活地调整各种控制参数,直观揭示变形和破坏的状况,成为模拟试验中应用在边坡稳定性分析方面最为广泛的手段。

针对降雨渗入对边坡稳定性影响的离心模拟,模拟尺寸的稳定、试验材料的选择、边界效应问题及降雨工况的模拟都会影响到试验的准确性。在目前已有的模拟降雨方法中,若通过改变制样时的含水量来代替不同时间规模的降雨,用注水浸泡来模拟不同时间的雨水渗入,在边缘顶端实现局部降水仍不够理想。如何准确选取合适的模型尺寸、选取试验材料、处理边界效应达到提高试验精度的目标,仍然没有标准的方法。现在普遍采用的离心模拟试验方法,主要针对边坡开挖、降雨渗入等影响进行探讨,其探讨主要集中在对实际边坡稳定性的评价或边坡形状、边坡材料性质、加载方式、边坡土体变形等因素对稳定性的影响及破坏机理等方面,而涉及降雨条件下边坡土体内部应力状态方面的研讨比较少。对此应进一步开展降雨渗入对边坡稳定性的影响模拟试验,对试验取得的数据开展相应的验证工作不可缺少。

(4)简要总结。

1)理论研究方面,降雨渗入是非线性并与时间有关的过程。在非饱和土理论中,准确建立渗流模型来确定渗透系数还需要深入研究。在降雨对边坡影响研讨过程中,虽然重视到基质吸力的作用,并采取多种方法对渗流场及边坡稳定性进行计算分析,但基质吸力对边坡稳定性作用始终未能在具体工程中应用。极限分析法用于边坡降雨研究相对较少,且缺少必要的数据模拟加以验证,需要进一步探讨如何利用极限分析法的优势,提高降雨渗入对边坡稳定性分析的准确度。

现在的讲究主要集中在降雨渗入过程中边坡破坏位移变化情况和渗透系数、降雨强度、土水特征曲线的选定对边坡稳定性的影响。而对土体内部应力、孔隙水压力、土体参数及边坡坡度因素的变化对边坡稳定性影响的研究相对较少。因此,如何正确模拟在各种影响因素综合条件下,降雨渗入对边坡内部水分移动规律的影响仍有待加强。

2)试验研究方面,由于受到现场环境条件限制及在高速旋转的离心模型机上进行降雨模拟量控制难度较大原因的影响,目前针对降雨渗入对边坡稳定性影响的离心模拟试验,主要集中在降雨渗入引起的边坡变形情况的研究,而涉及降雨条件下边坡土体内部应力变化规律还是较少,并且与现场试验相比,设置土体参数时如何确定合适的相似比难度仍然比较大。同时,在考虑土体中存在隔水层和远方补给的情况下分析土体的内部渗流情况,测定孔隙水压力变化产生的影响,分析土体破坏临界状态时的应力状态和孔隙水压力大小方面还存在不足。针对试验测得孔隙水压力、土压力、浸透线的变化情况,对比分析相关理论成果,总结得出在具有实际应用意义的降雨过程中,在不同工况情况下边坡内水分运动的规律、渗流变化仍然需要加强探索。目前,都是把理论分析和模拟试验进行单独研究,没有考虑所得结论各自的优点并进行分析、比较和取长补短,使降雨渗流对边坡的稳定性得到有效防范。

7. 地基基础质量检测常见问题探讨

地基基础质量与工程建设的安全紧密相关,从事地基基础质量检测工作的责任重大。在工作中,监督管理人员会接触各种建设工程项目,如工业及民用建筑系统、水利水电、公路等从事地基基础检测的项目或单位,对现行规范的理解存在不同程度的偏差,在此提出常见问题供探讨,其目的是不断提高检测水平并对规范有更全面的理解。

(1)低应变检测桩身完整性。低应变法是检测桩身完整性的方法之一,快速、较为准确、经济是其最大的特点,应用非常广泛,得到了广大检测工作者的青睐。但有很多检测人员用低应变法计算单桩波速,据此确定桩身强度。根据《建筑基桩检测技术规范》(JGJ 106—2003)中一些相关规定,低应变法适用于检测混凝土桩的桩身完整性,判定桩身缺陷的程度及位置,该规范中无利用单桩波速判定混凝土强度的任何规定。根据低应变的适用性,其具体的工作大致应为:在确定桩身波速平均值的前提下,根据实测的桩身应力波速度时程曲线判定桩身的完整性。桩身波速平均值的确定是低应变检测中非常重要的一个环节,其方法如下。

1)当桩长已知、桩底反射信号明确时,在地质条件、设计桩型、成桩工艺相同的基桩中,选择不少于5根Ⅰ类桩的桩身波速值计算其平均值。

2)当无法根据1)确定时,波速平均值可根据本地区相同桩型及成桩工艺的其他桩基工程的实测值,结合桩身混凝土的骨料品种和强度等级综合确定。

3)依地方现行规定,如《四川省建筑地基基础质量检测若干规定》中提供的应力波纵波速度与灌注桩混凝土强度等级关系的推荐值(见表2-8)确定桩身波速平均值。

表2-8　应力波纵波速度与灌注桩混凝土强度等级关系

混凝土强度等级	C15	C20	C25	G30
应力波纵波速度/(m/s)	2700~3000	3000~3500	3500~3800	3800~4200

(2)声波透射法。声波透射法适用于已埋声测管的混凝土灌注桩桩身完整性检测,判定桩身缺陷的程度并确定其位置。

1)现场检测前的准备工作有:①采用标定法确定仪器系统延迟时间。②计算声测管及耦合水层声时修正值。③在桩顶测量相应声测管外壁间的净距离。④将各声测管内注满清水,检查声测管的畅通情况,换能器应能在全程范围内升降顺畅。在测定仪器系统延迟时间时,有将径向换能器平行紧贴置于水中进行测量的,见图2-8;也有将系统延迟时间和声测管及耦合水层声时修正值统一测定的,见图2-9,将埋管用的钢管取两小段,平行紧靠置于水桶之中,再将径向传感器放入钢管中,测定的结果视为"系统延迟时间和声测管及耦合水层声时修正值";更有甚者,将径向换能器置于地上十字交叉放置,将实测结果作为系统延迟时间输入仪器。

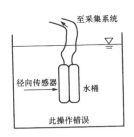

图2-8　仪器系统延迟时间的测定

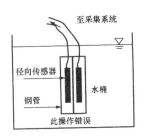

图2-9　系统延迟时间和声测管及耦合
水层声时修正值统一测定图

根据现行国家标准《建筑基桩检测技术规范》(JGJ 106—2003),用标定法测定仪器系统延迟时间的方法是将发射换能器、接收换能器平行悬于清水中,见图2-10。

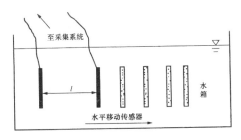

图2-10　超声仪系统延迟时间测定方法示意图

从径向换能器边缘400mm开始逐点改变点源距离并测量相应声时,记录若干点的声时数据并做线性回归时距曲线,见图2-11。

$$t = t_0 + b \times l \tag{1-1}$$

式中:b为直线斜率($\mu s/mm$);l为换能器表面净距离;t为声时(μs);t_0为仪器系统延迟时间(μs)。

　　另外,声测管及耦合水层声时的修正值应根据声测管的内、外径,换能器的外径,声音在管材中的传播速度,声音在水中的传播速度等进行计算得出。不同水温条件下的声速值参见表2-9,声音在钢中传播的速度取5800m/s,在PVC管的声速取2350m/s。

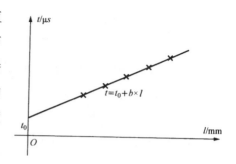

$$t = t_0 + b \times l$$

图2-11　线性回归时距曲线

表2-9　不同水温条件下的声速值

水温度/℃	5	10	15	20	25	30
水中的声速/(km/s)	1.45	1.46	1.47	1.48	1.49	1.50

　　2)声波透射法工作中应当注意的问题:①配备检定合格的温度计,测定耦合水的温度,用于声测管及耦合水层声时修正值的计算;②配备检定合格的长度计量器具;③确保灌注的声测用耦合水为清水,若为浑浊水,将明显加大声波衰减和延长传播时间,给声波检测结果带来误差;④实测时,传感器必须从孔底向孔口移动;⑤实测过程中应及时查看实测结果,对异常点、段应采用检查、复测、细测(指水平加密、等差同步和扇形扫测)等手段排除干扰和确定异常,不得将不能解释的异常带回室内;⑥对于参与分析计算的剖面数据,应分析剔除声测管埋置不平行的数据;⑦对于临时性的钻孔声波透射特殊情况,钻孔是否平行将对结果产生严重的影响,在不能确定钻孔保持等间距或钻孔情况已知的条件下,不适于开展声波透射。

　　(3)特征值和标准值问题。在地基基础检测过程中始终贯穿着这两个名词,容易引起混淆,根据相应的规范对其理解如下。

　　1)概念:根据《建筑地基基础设计规范》(GB 50007—2011)及《建筑地基处理规范》(JGJ 79—2012),地基承载力特征值是由载荷试验测定的地基土压力变形曲线线性变形段内规定的变形所对应的压力值,其最大值为比例界限值,实际即为地基承载力的允许值,如天然地基承载力特征值、复合地基承载力特征值、单桩竖向承载力特征值等。

　　标准值:荷载和材料强度的标准值是通过试验取得统计数据后,根据其概率分布,并结合工程经验,取其中的某一分位值(不一定是最大值)确定的。《建筑结构荷载规范》(GB 50009—2012)规定,标准值是荷载的基本代表值,为设计基准期内最大荷载统计分布的特征值,如均值、众值、中值或某个分位值。《建筑地基基础设计规范》(GB 50007—2011)规定,标准值取其概率分布的 0.05 分位数,如单桩竖向极限承载力标准值、岩石饱和单轴抗压强度标准值等。

2)两者之间的关系:特征值=标准值(常指极限状态)/安全系数。在《建筑桩基技术规范》(JGJ 94—2008)中,单桩竖向承载力特征值为单桩竖向极限承载力标准值除以安全系数后的承载力值。

《建筑地基基础设计规范》(GB 50007—2011)的岩基载荷试验中,每个场地中极限荷载除以 3 取小值为岩石地基承载力特征值。《建筑基桩检测技术规范》(JGJ 106—2003)规定,单位工程同一条件下的单桩竖向抗压承载力特征值应按单桩竖向抗压极限承载力统计值(极差不超过 30% 时,取平均值为单桩抗压极限承载力,高应变亦同;对桩数 3 根或 3 根以下的柱下承台,或工程桩抽检数量少于 3 根时,取低值)的一半取值。《建筑地基基础设计规范》(GB 50007—2011)中,岩石地基承载力特征值=折减系数×岩石饱和单轴抗压强度标准值,其中折减系数与岩石的完整程度相关。

(4)单桩极限端阻力标准值。《建筑桩基技术规范》(JGJ 94—2008)规定,q_{pk} 定义是桩径为 800mm 的极限端阻力标准值,对于干作业挖孔(清底干净),可采用深层平板载荷试验确定。《建筑地基基础设计规范》(GB 50007—2011)的深层平板载荷试验要点及《高层建筑岩土工程勘察规程》(JGJ 72—2004)的附录 E 大直径桩端阻力载荷试验要点,均可确定端阻力特征值,该值如果用于浅基础,将不再做深度修正。根据定义,q_{pk} 是桩径为 800mm 的极限端阻力标准值,深层平板载荷试验桩径视为 800mm,无侧阻特殊条件下的单桩载荷试验,其 q_{pk} 的确定可参考《建筑基桩检测技术规范》(JGJ 106 — 2003)单桩竖向抗压静载试验确定极限承载力的方法。

(5)锚杆载荷试验。锚杆载荷试验中,锚杆的类型、锚杆适用的条件等符合相应的规范和标准。锚杆有全黏结性的,也有非全黏结型的,载荷试验中反力是否作用在锚杆拉力影响范围外,这对于准确判定锚杆承载力是否满足设计要求非常重要,如果作用区域在锚杆(特别是全黏结性锚杆)拉力影响范围内,实测结果不能准确反应锚杆的拉力,则可能是锚杆杆体握固力的表现,错误的检测结果将误导设计,给工程造成安全隐患。

在锚杆验收试验中,其合格判定的一个标准是:锚杆在最大试验荷载下所测得的弹性位移量(总位移减去塑性位移),应超过该荷载下杆体自由段长度理论弹性伸长值的80%,且小于杆体自由段长度与1/2锚固段长度之和的理论弹性伸长值。这个判定标准非常重要,是锚杆安全的重要保证,"该荷载下杆体自由段长度理论弹性伸长值的80%"是判定有自由段设计时,对施工完成的锚杆的自由段长度进行的保证。如果未达到这个要求,说明自由段长度小于设计值,当出现锚杆位移时,将增加锚杆的预应力损失;当边坡有滑动面时,锚杆未能穿过滑动面而作用在稳定地层上,工程将存在严重的安全隐患。若测得的弹性位移大于"杆体自由段长度与1/2锚固段长度之和的理论弹性伸长值",则说明在设计的有效锚固段注浆体与杆体的黏结作用已经破坏,锚杆的承载力将严重削弱,甚至将危及工程安全。

锚杆理论伸长量可根据弹性模量(应力/应变)的定义推导而来:

$$\Delta S = P \times L_f / (E \times A) \tag{2-2}$$

式中　ΔS——钢筋伸长量;

　　　P——荷载;

　　　L_f——自由段长度;

　　　E——钢材弹性模量[参考取值:$(2.0 \sim 2.05) \times 10^5 \text{Mpa}$];

　　　A——钢筋截面积。

(6)静载试验基准桩、基准梁。在载荷试验中,基准桩及基准梁使用不当将对检测结果产生影响,检测试验人员应引起足够的重视。基准桩应使用小型钢桩打入地表下一定深度,确保不受地表振动及人为因素干扰的影响,不得使用砖块等物代替基准桩。基准梁应具有一定的刚度,梁的一端应固定在基准桩上,另一端应简支于基准桩上,基准梁应避免气温、振动及其他外界因素的影响,夜间工作时应避免大能量照明器具(如碘钨灯)对基准梁烘烤引起的变形影响,特别是局部照射;白天工作时避免太阳直射部分的基准梁引起强烈的变形。就基准梁的刚度因素、温度影响因素进行试验,其影响结果如下。

1)温度变化将对基准梁产生较大的变形,影响载荷试验的稳定性。试验是在一个大棚内按照规范要求安装基准桩、基准梁,记录温度和基准梁的变形,实测结果如图2-12所示,一天中温度变化引起了基准梁的变形,其变形值不容忽视,这是在均匀温度作用下的结果,如果基准梁受到不均匀温度影响,变形会更大。

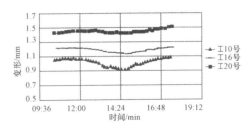

图 2-12　不同强度基准梁受温度变化引起变形的实测曲线

2)不同刚度基准梁受温度影响的试验,在同样的大棚内使用工 10 号、工 16 号、工 20 号基准梁进行试验,基准梁变形如图 2-12 所示。在一天的温度变化中,刚度大的工 20 号变形最小,刚度较小的工 10 号变形较大。所以,在载荷试验工作中,应选用刚度较大的基准梁,可以较大程度地避免温度变化对基准梁变形的影响。

(7)统一载荷试验曲线坐标。在编写载荷试验报告时,对同一工程较多的单位使用一个载荷试验点做 1 条 Q-s 或 P-s 曲线的办法,并且采用不同的沉降纵坐标(沉降量满格处理)成图,使得查看静载结果时不能很好地反映总静载效果,缺乏静载点之间的可比性。根据《建筑基桩检测技术规范》(JGJ 106—2003)的第 4.4.1 条:除 Q-s、s-lg$t$ 曲线外,还有曲线 s-lg$Q$。同一工程的一批试桩曲线应按相同的沉降纵坐标比例绘制,满刻度沉降值不宜小于 40mm,使结果直观,便于比较。此条可推广到地基的所有载荷试验之中,以改善静载结果的可读性、直观性和可比性。

(8)《建筑基桩检测技术规范》(JGJ 106—2003)和《公路工程基桩动测技术规程》(JTG/T F 81-01—2004)两规范中的差异。现行的《建筑基桩检测技术规范》(JGJ 106—2003)和《公路工程基桩动测技术规程》(JTG/T F 81-01—2004)在声波透射法中对数据进行分析处理时,存在一定的差异,见表 2-10。

表 2-10　JGJ 106—2003 和 JTG/T F 81-01—2004 规范中的差异

差异点	JGJ 106—2003	JTG/T F 81-01—2004
异常判断值或声速临界值	$v_0 = v_m - \lambda \cdot s_x$ λ 与参与统计个数相关,变化范围为 1.64~2.69	$v_D = \bar{v} - 2\sigma_v$ 两倍标准差法

续　表

差异点	JGJ 106—2003	JTG/T F 81-01—2004
部面与整桩	同一剖面的数据为一个处理单元,同一根桩上的不同剖面,其异常判断临界值不同	同一根桩的声速值作为一个处理单元,在一根桩上只有一个声速临界值

各仪器生产厂家编制的数据分析软件也是有相应的差异。在生产过程中应掌握这种差异,应根据不同的规范具体使用,否则将使结果的差异增大。

综上所述,由于各个检测人员技术素质不同,对规范的理解和认识也不一定深刻全面,希望广大的检测同行共同学习探讨,使地基基础的检测做到真实、可靠,确保建筑工程安全、耐久。

8. 深基坑土方开挖及支护施工措施

深基坑是指从自然地面向下开挖深度超过 5m 的基坑,包括基槽的土方开挖、支护及降水工程。或者开挖深度虽然未超过 5m,但周围环境和地质构造、地下管线复杂,影响到毗邻建筑物安全的基坑。下面介绍的是某污水处理厂地下调节池工程,地下水位较高,在地面以下 0.50m,土质为亚黏性土。基础开挖深度在地面以下 8.30m,地下水池工程的建筑面积为 3500m²。

(1)深基坑开挖及支护安全问题分析。深基坑的开挖和支护安全是个核心问题,支护施工技术更加重要。支护施工的目的是为保证地下结构安全施工及基坑周边环境,对基坑侧壁及周边采取的支挡、加固与保护措施的施工。常见的基坑支护形式主要是:排桩支护、桩撑、桩锚、排桩悬臂、地下连续墙支护、地连墙+支撑、水泥土挡墙、钢板桩支护、土钉墙(喷锚支护)、逆作拱墙、放坡及基坑内支撑等措施。深基坑施工的特点决定了深基坑施工的技术要求。

首先,在施工时技术手段要先进、可靠,确保基坑受力稳定及支护的保护作用完全体现;其次,地下水位高、周围环境复杂、市区地下管网纵横交错时,要求施工必须充分保证不影响周围相邻建筑物的安全,保证地下管网正常运行;同时,在基坑开挖期间,合理安排运用明排降水、截水和回灌等形式控制地下水位,保证地下施工操作的安全;最后,要根据实际工程需要,选择经济、合理的施工方案,实现工程最优化。

地下结构施工及基坑周边环境的安全取决于支护体的保障。所以,深支护体系的设计、施工技术措施及水平直接关系到基坑的安全、可靠,也涉及整个工程的安全性。

（2）深基坑开挖支护的安全应用。由于工艺的需要，调节池建造在地面以下8.30m，排水采取周围打深井的技术措施得到解决，但边坡处理仍然是个技术难题。

1）工艺流程：施工准备→定位放线→圆桩施工→基坑土方开挖→基坑挖3m→基坑壁支护→基坑下挖2m→基坑壁支护→循环下挖→挖至基底→清理检查。

2）基坑边坡支护施工方法。

A. 处理好施工现场的排水措施，要保证在无水条件下的干作业，减少雨水渗入土体，在坡顶用C20混凝土封闭，混凝土封闭宽度为3m，并向外起坡2%。为了有效排泄边坡渗水及坑内积水，根据地面情况在离坡顶2m左右设一300mm×300mm的排水沟，拦截地面雨水。具体做法如图2-13所示。

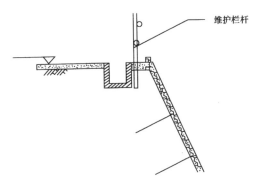

图 2-13　排水沟示意图

B. 抗滑桩的设置施工。在基坑土方开挖前先进行抗滑排桩的施工，由于排桩的间距在3.5m左右，直径600~800mm，因此滑排桩的开挖用跳桩隔开形式，当已开挖的桩混凝土浇筑后，再施工空隙中的桩，待桩顶冠梁施工完成后，才能进行基坑土方的开挖。而桩身混凝土的浇筑，使用溜槽或串筒浇灌C30级混凝土。溜槽或串筒底部至混凝土表面保持在1.50m。桩芯混凝土采用一次性方法浇筑，浇筑前清理干净并抽干孔内水。

C. 冠腰梁施工。当抗滑排桩的混凝土浇筑完成后，再进行冠梁施工。剔除桩顶浮浆后，再支设冠梁模板，最后绑扎梁钢筋。冠梁截面为800mm×600mm，腰梁截面为500mm×500mm，主筋搭接方式采取双面焊接形式，搭接长度不少于200mm。箍筋采用φ8@150，钢筋完成后再支设梁侧模板，支设加固合格后在自检的基础上再报监理验收,合格后再浇筑混凝土,按规定制作试块,并认真养护。

D.基坑土方开挖措施。土方开挖必须严格按照图纸要求分层进行,每层开挖深度控制在1.5m左右,待开挖段支护施工完成,上部支护完成并达到设计强度的75%以上,才能向下进行开挖,且每段长度按20m考虑。

E.喷锚支护施工。根据设计要求开挖操作面,开挖深度每次在1.5m左右,而长度在25m以内,修整边坡,埋设喷射混凝土厚度控制标志,喷射第一层混凝土厚度大于30mm,根据施工图进行该处标高段的锚杆或锚索成孔施工。

F.基坑边坡沉降及位移观察。基坑支护结构设计与施工质量涉及结构及岩土问题,加之地下工程的不确定性因素太多,必须结合工程地质水文资料、环境条件,把监测数据与预控值相对比,判断前期施工工艺和参数是否符合预期要求,以确定和优化施工参数,做好信息化施工,及早发现问题,尤其是重视监督基坑外的沉降凸起变形和邻近建筑物的动态,及时采取相应措施,消除潜在的安全隐患。

3)施工安全技术保证措施。

A.基坑开挖安全技术保证措施。施工前,技术人员要认真复核地质资料及地下构筑物位置走向,并掌握项目施工中可能影响到邻近建筑物基础的埋深。技术人员要根据核查后的资料,对照施工方案和技术措施,确定适宜的施工顺序,选择合适的施工方法及相应的安全措施。安全技术措施主要是:首先,采取分层分段开挖方式,开挖顺序按提前设定的方案进行,不得任意开挖,同时在开挖中周围设立排水沟,防止地表水进入坑内;其次,在基坑四周设立安全护栏,工地现场张贴安全标语、安全宣传和警示牌,提醒现场人员注意安全,在作业环境中采用不同色彩,减轻作业人员的视觉疲劳,降低安全事故。还要加强基坑边坡沉降及位移监测,当发现边坡有异常情况时,应分析原因采取应对措施。

B.孔桩安全技术措施。要在孔口周围浇筑混凝土护圈,并在护栏上安装钢丝网防护;在孔内作业时,孔口必须有人监视,挖出的土方不能堆放在距孔边缘1m以内,并圈上不得放材料或站人。利用吊桶运土时,要采取可靠的防范措施,以防落物伤人;用电动葫芦运土时,检查安全能力后再吊。施工中,随时检查运送设备和孔壁情况。

当桩孔深度在5m以内时,井上照明可代替井下照明;当超过5m时,在下面用安全防护灯照明,电压不得高于12V。在成孔过程中一直保证井内通风,经常检查井内是否存在有害气体,以便及时处理,防止意外发生。加强对孔壁土层的观察,发现异常应及时处理,成孔完成后尽快浇筑混凝土。吊放钢筋网时笼下严禁有人,经常检查钢丝绳。

（3）基坑支护安全技术措施。

1）选择合适的基坑坑壁形式,在深基坑施工前,要按照规范,依据基坑坑壁破坏后可能造成的后果程度确定基坑坑壁的等级,然后再根据坑壁安全等级及周边环境、地质与水文地质、作业设备和季节条件因素选择护壁的形式。

2）加强对土方开挖的监控。基坑土方上部几乎都用机械开挖,开挖必须根据基坑坑壁形式、降排水要求制订开挖方案,并对机械操作人员进行技术交底。开挖中技术人员一直在现场对开挖深度、坑壁坡度进行监控,防止超挖。对土钉墙支护的边坡,土方开挖深度应严格掌握,不得在上一段土钉墙护壁未施工完毕前,开挖下一段土方。软土基坑必须分层均衡开挖,分层不超过 1m。

3）加强对支护结构施工质量的监控。建立健全施工企业内部支护结构施工质量检查制度,是保证支护结构质量的重要手段。质量检验的对象包括支护结构所用材料及其结构本身。对支护结构原材料及半成品应遵照有关验收标准进行检验。主要内容包括:材料出厂合格证、材料现场抽检、锚杆浆体和混凝土配合比试验、强度等级检验。对支护结构本身的检验要根据支护结构的形式选择,如土钉墙应对土钉采取抗拉试验检测承载力,对混凝土灌注应检查桩身完整性等。

4）加强对地表水的监控。在基坑施工前,应了解基坑周边的地下管网状况,避免在施工过程中对管网造成影响;同时,为减少地表水渗入地基土体,基坑顶部四周应用混凝土封闭,施工现场内有排水设施,对雨水、施工用水、降水井中抽出的水进行有组织的外排,防止产生渗漏。对采用支护结构的坑壁应设泄水孔,保证护壁内侧土体内水压力能及时消除,减少土体内含水率,以方便观察基坑周边土体内地表水的情况,及时采取措施。泄水孔外倾坡度不小于 5%,间距在 2m 左右,并按梅花形式布置。

5）控制好支护结构的现场检测。支护结构的检测是防止发生坍塌的重要手段,应由有资质的监测单位来监测。监测项目的内容包括:基坑顶部水下位移和垂直位移、基坑顶部建筑物变形等。监测单位应及时向施工和监理单位通报监测情况。当监测值超过报警值时,应及时通知设计单位、施工单位和监理单位,分析原因,采取有效措施,防止事故产生。综上浅述可知,采取上述安全技术措施,对有效加快施工进度及施工质量可以取得一定的作用。由于深基坑施工安全会受到多种因素的影响,为确保基坑施工安全无事故,各方责任主体要切实重视深基坑施工安全防护工作,杜绝事故的发生。

9.高层建筑筏形基础的施工质量控制

高层及超高层建筑的特点是建筑体量高大且基础深厚,而深厚的基础都属于大体积混凝土的控制范畴,对基础的条件要求非常严格,因此在施工过程中经常会遇到一些具体问题,并且会对基础的施工质量产生严重影响。下面结合工程实践,就超高层建筑地下室的筏形基础质量控制问题做进一步探讨。

某住宅小区的住宅工程属于超高层建筑,地下一层,地面32层,该住宅楼地基基础形式采用筏形基础,厚度最薄处为1.50m,最厚处达4.25m,基础混凝土强度等级为C35级,基础下设垫层为0.15mm厚的C20素混凝土。基础持力层为中、微风化花岗石层,对应的地基承载力特征值为1880kPa。

(1)工程质量控制的难点。

1)墙柱插筋和预埋件容易偏差移位。在超高层筏形基础施工中容易出现墙柱插筋和预埋件的偏移位,主要是由于插筋在钢筋绑扎时没有认真固定,或者只是与底板钢筋的绑扎简单固定,预埋件安装时校正不认真、不准确,拟在混凝土浇筑过程中,用于固定墙柱插筋和预埋件的底板钢筋受到混凝土浇筑中施工人员及机械振动的碰撞干扰而移位。

2)混凝土浇筑标高的控制。由于超高层筏形基础面积和深度不仅比较大,而且难以正确把握控制的准确性。所以浇筑标高的控制是比较关键的重要问题。为了防止浇筑厚度不够和振捣不到位,应采取分层浇筑的方式进行,严格控制混凝土的浇筑次序、走向和标高的准确性,尽量避免出现纵向的施工冷缝,以使基础筏板达到整体性的设计效果。

3)大体积混凝土裂缝控制。超高层筏形基础体量偏大,需要一次性将基础混凝土浇筑完成,这样极容易出现由于温差过大引起的有害裂缝的出现。大体积混凝土裂缝形成的机理是水泥水化产生的热量,当混凝土构件尺寸大于800mm时,构件中心混凝土水化热无处散发,从而造成构件中心温度聚集过高,一般会升至70~80℃,而且与构件表面环境温度之差在30℃左右,从而引起结构内部的膨胀和外部表面的收缩,造成混凝土构件出现温差应力。当温差应力超过此时混凝土的抗拉强度时,就会出现结构件的开裂。

（2）施工过程的质量控制。

1）地基基础处理的重点。在确保施工组织设计管理和施工技术措施能力的前提下，加强地基的施工质量，才能保证超高层建筑基础的整体稳定性。在施工过程中，必须特别注意以下工序的施工质量。

首先，做好降低地下水工作可保证操作面干作业的可靠性。本工程基础底板标高为-8.90m，大面积开挖深度控制在10.5m左右。由于地下水位比较高，在基坑开挖护壁和基础施工时必须处理好降水施工，根据现场地质条件采用井点降水法，确保开挖过程安全。

其次，加强对地基基础的处理。由于该建筑项目地质条件比较好，基础大部分区域已为中风化岩面，局部位置仍有残积土，为了确保筏板基底的均匀一致性，对局部残积土进行彻底挖除，用C30混凝土回填密实找平，需要对地基的有关力学指标进行专业测试。

2）原材料及混凝土配合比的确定。

A. 选择使用低水化热的水泥，低水化热的水泥主要有矿渣硅酸盐水泥、粉煤灰酸盐水泥等品种，水泥强度等级在32.5~42.5之间比较合适。并且在确保混凝土强度的同时，应尽可能减少水泥用量或提高水泥强度等级，以降低水化热峰值的集中过早出现，延缓混凝土的初凝时间，减少温度应力，减少和避免混凝土冷缝的产生。通过试验结果分析，决定采用42.5级硅酸盐水泥配制混凝土。

B. 选择级配良好的粗细骨料。由于石灰石在不同种类岩石中，线性系数较小，因此，选择用石灰石作为粗骨料为宜。该骨料级配良好，石子粒径在5~32mm之间，含泥量小于1%，砂子宜选择干净的中砂，细度模数在2.3~2.8之间，含泥量小于2%。

C. 要选择适当的外掺和料。外掺和料选择使用 I 级粉煤灰和矿渣细粉。掺入粉煤灰来替代部分水泥，以达到降低水化热的目的。由于粉煤灰的需水量很少，可以降低混凝土的单位用水量，减小预拌混凝土的自身体积收缩量，有利于结构的抗裂性能。而矿渣细粉可以更多地替代水泥，更加有效地降低水化热。这是由于矿渣细粉比水泥和粉煤灰的比表面积大，能增加混凝土结构的致密性，提高混凝土的抗渗能力。如果将粉煤灰和矿渣细粉同时使用，其效果会更加显著。

D. 应合理掺入外加剂，尤其是微膨胀剂。通过内掺适宜的微膨胀剂，使混凝土产生适度膨胀而补偿其收缩，这对于防止混凝土开裂极其有效。现在常用的聚羧酸系列泵送剂,减水率高,具有良好的保塑、缓凝作用,可推迟混凝土初凝时间达8h以上,保证大体积混凝土连续分层施工,并不产生冷缝。将缓凝型减水剂、缓凝剂等复合使用,可延缓水化热的集中释放时间,对于降低水化热峰值十分有利。

E. 施工混凝土配合比的确定。根据高层建筑的特点,要保证混凝土初期水化升温较低,取龄期60d的混凝土强度作为配合比设计的依据,并作为质量验收评定的标准。同时,还要保证后期混凝土有足够的强度储备。根据配合比调整砂率和掺入减水剂或高效减水剂,以便达到要求的坍落度,严禁随便加水,使坍落度变化,坍落度应控制在(150±2)mm范围内。

3)钢筋及其施工要点。钢筋混凝土工程中的钢筋是高层建筑基础的重要组成部分,承担着筏形基础底板抗剪、抗拉的作用、抵抗不均匀沉降等因素的影响,对于加强钢筋工程的施工质量控制极其重要。在钢筋加工制作的下料工序中,节点处要保证钢筋的锚固长度,满足设计和施工规范及相应要求,在钢筋就位及绑扎时,施工现场技术人员要做好技术交底的详细要求,在绑扎完成后认真进行自检工作,并坚持三检制,由监理工程师最后确认,并做好隐蔽检查记录。

4)混凝土的浇筑和养护。基础大体积混凝土的浇筑,目前全部采取用泵送商品混凝土施工,斜面分层、分段捣实,一个坡度一次到顶浇筑成型。在下层混凝土初凝前,浇筑上层混凝土并振捣密实。每层浇筑厚度、浇筑速度应均匀连续,上层混凝土振动棒插入下层混凝土以100mm为宜。上下两层浇筑时间不要超过4h,最好是下层混凝土表面温度降至平均大气温度为宜。

混凝土的振捣采用垂直振捣与斜向振捣相结合的方法,对分层结合部位进行二次再振捣,每一振捣点间距及振捣时间应进行严格控制,防止因时间过长引起混凝土浆的流失而造成下沉及缺陷。混凝土浇筑完成后,混凝土初凝后的表面要及时覆盖保湿材料,并及时浇水加强养护,防止混凝土表面过早失水,出现龟裂。当气温偏低时,要在塑料薄膜上加盖草袋及其他覆盖物保温,让责任心强的人员进行24h养护,保持结构表面湿润。

(3)施工过程中的监测。

1)基础沉降观察。基础在开始降水、基坑开挖、边坡防护和基础施工时,对基坑及其挡土墙结构、周围环境及建筑物沉降进行施工观测,并且在施工过程中,在筏形基础平面上布设一定数量的监测点,测得各点的相对沉降量、累积沉降量和沉降速度,其结果均需满足相应要求。

2)混凝土的温度测量。为了及时掌握基础混凝土内部及外部温度的真实变化情况,随时掌握混凝土温差动态,温度测量工作必须坚持进行。在浇筑前按等间距埋设测温孔,并布置在不同部位和不同的深度,了解混凝土内部温度及相应部位的表面温度,控制结构内外的温差。同时,要由专人负责温度的记录工作,每 2 ~ 4h进行一次,做好记录。当出现内外温差超过 25℃时,要加强结构体外部的保温措施。当温度持续变小时,可以停止测温。测温工作完成后,要用微膨胀砂浆将测温孔认真堵塞。

综上浅述,超高层建筑的筏形基础质量控制,是超高层建筑施工过程中非常关键的组成部分,如何进行科学、合理的施工组织设计,严格控制每一个环节的工程质量,是施工组织管理者必须重视的首要问题。

通过较详细地阐述大体积混凝土在施工过程中必须注重的施工方法及步骤,尤其对于大体积混凝土温度裂缝的预防,地基基础处理的要求及材料的选择,配合比控制及施工过程中的沉降观察,混凝土温度监测及应对于此类问题所采取的相应具体措施进行了详细介绍,读者应积累对类似的厚大基础施工质量控制的经验,把好建设工程质量关,增强质量意识。

10. 土钉墙在软土地基基坑中的施工应用

从传统意义上来说,土钉墙是可以保护地基边坡的一种保护性临时设置,最大的一个作用是可以支撑、保护墙体,使其在施工中不倒塌,使地基更加稳固。这种支持形式可以在很大程度上提高建筑物地基的抗击能力,增加地基的稳固性,增强地基中土的抗拉伸性及相应的延展性,并可改变建筑物地基基坑的基本形状,给予基坑一定的特性,这种特性能够使其在需要的时候发生变形,使建筑物的地基更加稳定,并且可提升地基的刚性。

下面以实际应用为基础,深入探讨软土地基中如何保证稳固性。土钉墙就是很好的一个应用实例,可以在一定程度上有效地使软土地基稳固,使其更能承受各种打击。

(1)软土地基的特性。软土地基和一般地基有所不同,具有非常强的范围性,在一定的地域范围内才会比较广泛地存在,软土主要分布在城市的某一小区域范围内,因为软土不仅在外观上和一般的土略带不同,而且具有含水量大、压缩性高、强度低、可塑性强、孔隙率小等特点,各种性能的差异也非常大,所以在地基的建设过程中更加需要考虑其性质的不同,同时需要考虑更多对地基造成影响的相关因素。

目前的软土分类主要有两种：一种是淤泥；另一种是淤泥黏土。这两种黏土在性质上大不相同，因此在地基建设中也会有很大的不同。两种软土的抗压强度不同，密度也有非常大的差异，密度不同会造成地基的硬度不同。密度越小的软土在建设地基时需要的地基强度越大，如果没有高强度的地基，就不能很好地保证软土地基的稳固性；密度大的软土在建设地基时就不需要太高强度的地基，因为软土本身的密度能够保证地基的一部分强度。软土的性质不同，软土表面空隙的大小也会不同，空隙太大时，容易渗水，地基也会比较容易受到影响，所以需要在建设地基时考虑软土空隙的大小，空隙太大的地基土一般处于流动状态，不会太稳固，所以需要在建设时保证土地的稳固。

（2）土钉支护的特点及稳固性表现。土钉支护技术是现在应用比较广泛的地基保护方法，这种方法相比传统的地基保护方法具有优越性，它能够很好地使地基得到应有的保护，减少地基的不确定性，并且受到的限制比较少，在很多条件下都可以利用。例如，在软土情况下就不能很好地利用传统方法，这时利用土钉支护的方法可以保证地基的稳固性。

土钉支护的稳固性主要体现在以下几个方面：①土钉支护的方法具有其他方法没有的超高的稳定性，并且这种方法的可靠性非常高，地基也不会发生太大的偏差，所以土钉支护的地基非常稳固；②土钉支护有很大的超载力，能够支撑非常大的重量，地基的重量过高，对软土有非常大的影响，所以需要土钉支护来对地基进行加固处理，土钉支护在这种情况下是非常实用的；③土钉支护的成本相对来说比较低廉，因为进行土钉支护的地基的挖掘工作比较简单；④在土钉支护的过程中，不需要进行大量的钢筋加固，施工过程也非常简化，不仅施工的成本得到减少，还能够大大地缩短施工的工期，集中降低成本；⑤在土钉支护的过程中，不仅施工的设备非常轻便，能够很好地携带，而且施工占地非常小，能够给予施工单位充裕的地理条件；⑥土钉支护的方法可以在最大程度上减少对环境的危害。

（3）土钉支护地基结构的进一步完善。土钉支护方法随着时代的发展不断地完善，在有些情况下，需要在建筑之上再增加建筑物的高度或者使用新的用途，这样就会对建筑物的结构产生改变。在这种情形下也需要对地基进行检测，如果不能很好地进行检测，就不能对建筑物的地基进行重新建设，也就不能在原有建筑物的地基荷载上再进一步地增加更多的荷载，一旦地基不能承受过多的重量，就会发生坍塌事故,所以这是一个非常具有技术要求也非常复杂的工作,不仅需要相关技术人员的实际经验,也需要仔细、认真地进行施工检查。

当建筑物需要进行改变时,应进行合理、严格的检测,在进行检测、确定没有问题后,才能进行下一道工序的施工。

第二节　地下室后浇带及地下工程

1.建筑地下室后浇带的设置与施工控制

建筑工程的地下室设置后浇带,是保证建筑工程能够自由沉降的一个重要技术措施。从建筑的施工过程中可以看出,对于多高层建筑的地下室后浇带的设置,施工必须根据工程图纸,并结合施工及验收规范的具体要求,合理设置后浇带的位置。对此,必须要有计划及实施方案,对后浇带进行认真处理,这样才能够有效地处理好后浇带施工的各种技术问题,使后浇带施工质量得到可靠保证。

某工程地下室底板采取厚度为600~800mm的C35P6抗渗混凝土,壁板为300~400mm厚的C40P6抗渗混凝土。地下室底板及侧墙和顶板均设置纵横两道沉降后浇带,后浇带宽度为1m。底板与顶板的后浇带钢筋均为双层双向,底板后浇带位置的钢筋进行了加密构造,且增加了超前止水钢板。

(1)后浇带设置的目的。

1)解决结构的早期沉降差问题。建筑房屋主楼与裙房在设计基础时考虑为一个整体结构,但是在施工中用后浇带的形式将两部分暂时分开处理,待主体结构施工完成后,其实结构已完成了总沉降量的60%左右,以后再浇筑连续部位即后浇带的混凝土,将基础连接成为一个整体基础结构。在设计时,要考虑基础两个阶段不同的受力状态,分别进行强度审核。对于连接后的计算考虑,应注重后期沉降差引起的附加内应力。这种做法要求地基土质较好,房屋的沉降能在施工期间基本完成。同时,还可以采取另外一些技术措施:a.调整压力差,主楼重量大,采取整体基础降低土压力,并加大埋深,减少附加压力;低层部分采用较浅的十字交叉梁基础,增加土压力,使高低层沉降接近;b.调整时间差,先施工主楼,待其基本建成荷载完全加上去,沉降也趋于稳定,再施工低矮裙房,使高低不同建筑的沉降量基本接近。

2)减小温度收缩造成的影响。新浇筑的混凝土在水化、硬化过程中会产生体积收缩,已经建成的房屋也会产生热胀冷缩的自然现象。混凝土硬化收缩的绝大部分会在施工以后的1~2个月内完成,而环境温度变化对结构的作用则是长期性的。当这种变形受到约束时,在结构内部就会产生温度应力,严重时就会在结构中出现裂缝。在构造上采取设置后浇带技术后,施工的混凝土就可以自由收缩,从而极大地减少了收缩应力。混凝土的抗拉强度可以大部分用以抵抗温度应力,提高抵抗温度变化的能力。

(2)后浇带设置的原则。后浇带的设置必须遵循"抗放兼备,以放为主"的设计构造原则。因为普通混凝土存在开裂问题,设置后浇带缝隙的目的就是将绝大多数的约束应力释放,然后再用微膨胀混凝土填补缝隙,以抵抗残余应力。

(3)后浇带的补偿施工。

1)模板的支设,根据预先设定的方案划分浇筑混凝土的施工层段,支设模板或钢丝网模板,并严格按施工组织设计的要求支设和加固模板。

2)地下室顶板的混凝土浇筑,后浇带两侧的混凝土浇筑厚度严格按规范及施工方案进行,以防止由于浇筑厚度过大而造成钢丝模板的侧压力增大而向外凸出,导致误差超标。

3)浇筑地下室顶板混凝土后垂直施工缝的处理。对采用钢丝模板的垂直施工缝,当混凝土达到初凝时,用压力水冲洗,清理浮浆碎片并使粗骨料露出,同时将钢丝网片冲洗干净。混凝土终凝后将钢丝网片拆除,立即用高压水再次冲洗混凝土表面;对安装木模板的垂直施工缝,也用高压水冲洗露出毛面,根据现场情况尽早拆模,用人工凿毛;对于已硬化的混凝土表面,要用机械凿毛;对比较严重的蜂窝麻面要及时修补;在后浇带混凝土浇筑前用压力水清理表面。

4)地下室底板后浇带的保护措施。对于未浇筑的底板后浇带,在后浇带两端两侧墙处各增设临时挡水砖墙,其高度高于底板高度,墙壁两侧抹防水砂浆;为防止地板周围施工积水流进后浇带内,在后浇带两侧500mm宽处用砂浆抹出宽50mm、高50~100mm的挡水带;后浇带施工缝处理干净后,在顶部用木板或铁皮封闭,并用砂浆抹出挡水带,四周设栏杆临时围护,以免施工过程中进入垃圾污染钢筋。

5)地下室顶板后浇带混凝土的浇筑。设置不同构造类型的后浇带混凝土的浇筑时间也不相同。伸缩后浇带视先浇部分混凝土的收缩完成情况而定,一般在浇筑后的6~8周完成补浇;而沉降后浇带应在建筑物基本完成沉降后,再进行补浇。

在一些房屋中,如果设计图纸对后浇带的留置时间有具体要求,应按设计要求对时间进行控制。浇筑后浇带混凝土前,提前用水冲洗混凝土,保持湿润24h,浇筑时清除表面明水,在施工缝处先铺一层与混凝土成分相同的水泥砂浆,后浇带混凝土浇筑后仍然要保护并浇水湿润养护,时间不少于28d。

6)地下室底板、侧板后浇带的施工。地下室部分因为对防水有严格的规定和要求,所以后浇带的施工是一个非常关键的环节。《地下防水工程质量验收规范》(GB 50208—2011)有专门的强制规定,其中规定:防水混凝土的施工缝、后浇带、穿墙管道、预埋件等的设置和构造,均须符合设计要求,严禁渗漏。同时,对后浇带的防水措施也做了重要规定:后浇带应在其两侧混凝土龄期达到42d后再施工;后浇带的接缝处理应符合规范第4.7.4条施工缝防水施工的规定;后浇带应采用补偿收缩混凝土,其强度等级不得低于两侧混凝土;后浇带混凝土养护时间不得少于28d。在地下室后浇带的施工中必须严格按照规范规定的要求进行处理。

7)后浇带施工的质量控制要求。后浇带施工时,模板支撑必须安装坚固、可靠,整理好钢筋并重新绑扎到位,施工质量应满足钢筋混凝土施工验收规范的要求,以保证混凝土密实、不渗水和不产生有害裂缝。在后浇带接缝处加强保护,最好设置围栏并在上部采取覆盖处理,防止后续施工对后浇带接缝处形成污染。

后浇带在此工程地下室的正确应用,确保了工期及工程质量,投用4年以后后浇带位置无任何变化或开裂,更无渗漏水现象,达到了设计及施工规范的设置构造要求,其对类似后浇带的施工具有借鉴意义。

2.地下室后浇带超前止水施工技术

随着建筑技术的进步和快速发展,多层及超高层建筑在国内日益增多,深基坑降水和多层地下室也得到了普及,而地下工程的薄弱环节——后浇带的防水和变形,成为制约工程进度和工期的瓶颈,而防水的施工质量是关键因素。

某工程采用框架-剪力筒结构,地下2层,地面20层,建筑面积为4.8万平方米,基坑深度为9.8m,基坑四周设置降排水暗沟,有8口井,井深在12m以上,24h不停排水,总体降水、排水效果不错。

(1)后浇带施工难点问题。正常施工工序安排是室外回填土需要在后浇带混凝土浇筑施工完成,并养护至混凝土有一定强度后再进行,传统的挡板、挡墙等处理方法由于不能满足后浇带沉降伸缩等变形要求,容易引起后浇带处开裂,产生渗漏,室外回填土往往在工程主体结构完成后,最快也需要3个月才能回填,严重制约工期及进度。

工程降水停止时间也被后浇带制约,使降水时间过长,地下水资源浪费严重,并且耗费大量电力能源、人力和物资水泵电缆,同时也占用大量资金。一旦发生停电问题,后浇带易遭受破坏,造成难以弥补的损失。

后浇带施工中不能同步变形和进行防水已经成为地下工程的最大难点。而地下室后浇带超前止水施工方案的实施可以有效解决这一问题。它具有采购方便、施工进度快、工艺简单、质量可靠、实用性强的特点,施工完成后便具有防水挡土作用,可以有效地阻止地下水及环境因素对后浇带的影响。

(2)地下后浇带超前止水设计。地下后浇带超前止水的理念,是考虑到其受力机理主要是依靠地下室底板和侧壁结构的刚度和强度,通过两道负弯矩筋形成悬臂结构,来抵抗外界压力的。超前止水后浇带外伸悬臂部分每边宽出后浇带约250mm,缝宽大于30mm,混凝土厚度为250mm,其强度等级为C35。止水钢板厚度为3mm,负弯矩钢筋锚入混凝土内深度大于1个LEA,钢筋直径须经过设计部分验算,根据现场实际做出调整。其具体止水构造技术如图2-14所示。

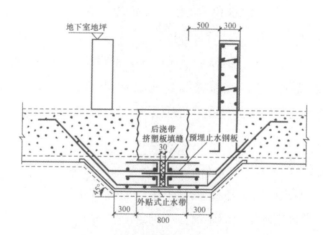

图 2-14　地下室底板后浇带超前止水技术

(3)施工工艺流程及过程控制。施工工艺流程:施工准备→基槽放线→检查验线→基坑开挖→基坑检验→垫层施工→防水卷材粘铺→做保护层→橡胶止水带的安装铺粘→底层钢筋加工及绑扎→止水钢板的安装固定→钢筋绑扎→钢筋验收→混凝土烧筑→养护。

1)施工准备:施工前应按程序要求逐级进行设计和施工方案交底,进行各种加工半成品技术资料的准备和报审工作,新工艺新技术的组织学习及培训,根据设计变更和相关规范标准编制施工方案。根据物质材料、构配件和制品的需要量计划，组织分批进场，按施工总平面布置图确定的位置堆放并悬挂相应标示牌。

2)基槽放线:根据施工图要求的具体尺寸，在建筑图中规定详细位置尺寸，确定基础开挖及放坡尺寸，并做好固定桩的控制位置，撒出开挖边线和基础底边线。利用小型挖掘机挖出基槽轮廓，人工进行修坡及底部，保证坡度准确和防止基槽超挖土。

3)基坑开挖和垫层施工基槽轮廓开挖至基底或者一定深度以后，如果地下水位高，则按专项施工方案进行排水，直至排水在四周进行，其深度大于基底，保证干作业施工。中间大量土方机械的开挖及运输，应留有行车道。机械开挖要预留200~300mm，由人工清理至基底，防止机械扰动基底土。当检查挖至基底并验收合格后，才能进行垫层施工。基础垫层采取随浇随抹平方法，边坡采用拉线扰平，在放样时应考虑扣除找平层厚度。

4)防水卷材粘铺:防水卷材一般使用SBS卷材，在有附加层的位置先铺附加层，附加层用3mm厚的SBS卷材宽300~500mm。底黏结层干燥至轻抹不粘手后，把卷材裁成需要的宽度长条，阴阳角每边相等，弹线将卷材放好，用调整合适的喷灯对准卷材和基层面烘烤，待卷材面即将熔化时把卷材贴在阴阳角处，先粘贴平面，再粘贴立面。附加层按顺序粘贴牢固，搭接宽度为150mm。

将起始端卷材贴牢固后，持喷灯对着待铺的整卷卷材，使喷灯距卷材及基层加热处300mm左右距离施行往复移动烘烤。至卷材底面交层呈黑色光泽并伴有微泡(不得出现大量气泡)，及时推滚卷材进行大面铺粘，后面再让一人进行排气及压实工作。当第一层卷材铺贴完成后，资料报监理检查验收，达到合格后，再进行第二层卷材铺贴施工。上、下两层和相邻两层卷材应错开1/3幅宽，且上下两层卷材不得垂直铺贴。第二层卷材的搭接缝要与第一层的搭接缝错开350~500mm。

在卷材接缝处用喷枪进行全面、均匀的烘烤，必须确保搭接处卷材间的沥青密实熔合，应该有2mm熔融沥青从边缘缝挤出，沿边端封严，以保证接缝的严密和防水功能效果。

5)防水保护层的施工控制:防水卷材按设计要求全部铺贴完成并经过检查合格后，应及时施工聚酯纤维布和细石混凝土保护层。保护层采取随浇随抹平的工艺，并及时用塑料薄膜覆盖，保温、保湿养护。

6)橡胶止水带的安装铺贴:橡胶止水带采取外贴式安装，平面朝向迎水面铺贴平展。止水带采用丁基胶粘剂搭接 100mm 宽,也可以热熔粘贴。被搭接端 100mm 范围内用刀片提前把竖楞切削平整,以方便搭接部分密贴。粘贴完成后,采用重物压在搭接部分,直至丁基胶全部凝固。

7)底层钢筋加工及绑扎:根据施工图纸要求,计算钢筋用料长度,将所需要钢筋用切割机成批切断待用,不同规格尺寸的钢筋应分类存放,做好标志,防止误用。钢筋在使用前要抽样检验钢筋的机械性能,检验合格后再用于工程。钢筋加工应提前放样,保证保护层的准确性。

对于钢筋的绑扎要采取弹线或画线定位,以保证间距准确,纵向采取拉线控制其平直,尺寸一定要准。所有钢筋扣必须绑扎到位,网片筋可以隔扣绑扎,但边缘两排的扣必须 100％绑扎。最后,按规定支垫保护层垫块及安装马凳,并绑扎牢固不移位。

8)止水钢板安装、固定:止水钢板安装时保证钢板中心位于后浇带中心线上,确保 U 形槽弯在变形缝中间,止水钢板采取对接满焊,对焊缝的焊接质量必须严格控制,加强过程与检验的控制,对端部 U 形槽加焊 3mm 厚钢板全封闭,确保密封性能可靠。

(4)混凝土浇筑过程的质量控制。在钢筋、橡胶止水带、止水钢板全部完成并检查合格,混凝土浇筑方案审查批准,一切准备工作就绪后,才能进行浇筑施工。

1)混凝土浇筑过程的振捣:振捣时振动棒移动间距不大于振动棒作用半径的 1.5 倍,即 400mm 范围;与侧模应保持 50~100mm 的距离,振动时间一般在 10s 左右,即以表面平坦、泛浆少、不冒气泡及不再出现沉降为宜。时间太短,则振捣不密实,混凝土不均匀或强度不足;时间太长,造成混凝土分层,粗骨料下沉至底,细骨料留在中层,而水泥浆则会上浮在表面,使厚度增加,使混凝土强度不均匀,表面开裂。欠振或过振都是混凝土浇筑中必须避免的重要问题。

对混凝土的振捣如果采取二次振捣,效果较好,即在混凝土初凝前即浇筑后 1h 之内,再次进行振捣,采取快插慢拔的方法,插点均匀排列,逐点移动,顺序进行,不要遗漏,使混凝土均匀密实。振动时要插入下层混凝土 50mm 以上,要使上下两层混凝土为一个整体。

2)混凝土表面处理:在混凝土振捣完毕后,再用 2m 长直尺按高度控制线刮平,在混凝土沉降平稳过程中,进一步抹压搓平,在终凝前再全面抹压一次,主要是对已开裂的裂缝抹压闭合,使其平整度满足设计要求。

3)混凝土的养护:混凝土的养护有一定难度,尤其掺有外加剂及微膨胀剂的混凝土,早期养护对强度的影响十分重要。并且养护方法及措施,尤其是立面混凝土的保湿有一定难度,需要采取措施保证表面湿度。混凝土在浇筑抹压平后立即用塑料薄膜加以覆盖保湿,常温施工时应及时浇水养护,其养护时间不少于 14d。每天的浇水次数以保证表面湿润为宜,在混凝土养护期间,强度未达到 1.2MPa 前,不得站人或卸大量材料。

3.建筑地下室外墙后浇带施工方法的改进

现在的多层及高层建筑物地下室非常普及。目前,地下室剪力外墙后浇带的补浇是在房屋主体结构基本完工,并达到设计规定的沉降时间后在条件允许或者地下人防工程验收合格后,再进行补浇施工的。这种施工方法存在着明显的缺陷:施工停留时间太长,地下室剪力外墙后浇带位置的防水及建筑保温节能施工不能同其他部分同步作业,给防水施工质量及保温节能施工质量留下隐患;有地下水时,延长排水周期,费用相应增加;室外基坑回填不能同时进行,一定程度上增大了施工现场安全文明施工难度,而且后浇带钢筋锈蚀,进行垃圾清理工作非常困难,对补偿混凝土及整体性有一定影响。

(1)胎模施工技术措施与原理。采用胎模施工方法,是在地下室剪力外墙后浇带外侧安装钢筋混凝土预制板,预制板与后浇带钢筋采取可靠连接,从而形成一个具有足够强度和刚度的胎体结构,保证室外防水和建筑节能施工的整体性和连续性,抵御室外土方回填后和后浇带混凝土浇筑产生的侧向压力,不会因为后浇带而影响其他工序的正常施工。

地下室剪力外墙后浇带利用增加胎模措施施工,避免了建筑物主体结构施工完成并达到设计要求的时间等条件后,才能进行后浇带的补浇施工的弊端。改进后有多方面的优势:首先,防水施工作业可以与其他部位同步进行,消除了防水层在该部位的接头,从而保证了防水整体质量;其次,在地下室室外防水和建筑保温节能施工作业全面完成的基础上,室外基坑回填可以连续一次性完成,对优化现场的平面管理及安全文明施工起到非常重要的关键作用;再次,当施工进度达到设计要求的后浇带浇筑条件时,仅仅只要搭设内侧模板就可以进行后浇带的浇筑,方便施工作业;最后,大幅度缩短了施工周期,为流水作业和工种交叉作业创造了便利条件,加快进度的同时也提高了质量。

（2）工艺流程与控制重点。

1）工艺流程：施工前准备→预制混凝土板安装→防水找平层施工→地下室防水层施工→地下室建筑保温节能施工→地下室外土方回填→内侧模板安装→后浇带混凝土施工→混凝土的养护。

2）施工质量控制重点。

A. 预制钢筋混凝土板加工制作：预制钢筋混凝土板作为后浇带的胎体，抵御室外土方回填和后浇带混凝土浇筑所产生的侧向水平荷载，同时作为室外防水层的基体，对预制板的强度、刚度和平整度均有较高的要求。施工操作中要重视的问题是：预制钢筋混凝土强度不得低于现浇地下室外墙所用混凝土强度；预制板外形、规格、尺寸应根据后浇带宽度决定，同时考虑其制作及方便安装的需要；预制板预埋钢筋要同后浇带钢筋焊接，预埋钢筋的位置及长度必须同现场现状相符合。

B. 预制钢筋混凝土板的安装：预制钢筋混凝土板的安装质量，直接影响到后续作业的工作质量和产品的最终质量，在安装前要将待安装范围和后浇带内清理干净。安装时确保预留钢筋与后浇带内钢筋焊接牢固，严格控制板缝宽度和板面平整度。其检查标准为：接缝宽度为 5mm；接缝高差为 3mm；平整度为 5mm；垂直度小于 8mm。

3）防水找平层：在防水找平层施工前，应将预制板接缝及周边用高强度水泥砂浆嵌补密实，预制板与原结构有高差的部位要抹成小圆角。砂浆找平层厚度应控制在 20mm 以内，并抹压至平整、光洁。

4）防水层施工：防水层在大面积施工前，应先在预制板安装区域增加一道附加防水层，然后再进行大面积防水施工层作业。

5）地下室外部土方回填：地下室外部土方回填是一项应严肃对待的工作，除了严格按照设计和施工验收规范的要求进行回填作业外，在后浇带作业范围内回填需要谨慎、小心，严禁产生冲击荷载，确保钢筋混凝土预制板不受任何损伤。回填土过程中要派专人在地下室内对钢筋混凝土预制板进行实际观察，一旦出现问题及时处理，尤其是出现裂缝现象，应及时进行加强支撑处理。

6）地下室内模板安装：当地下室剪力墙的混凝土达到设计强度，需要对后浇带进行补浇时，要对该部位进行清理，在后浇带处专门用对接丝杆和角钢固定模板，检查合格后再按顺序进行后浇带混凝土的施工。

7）后浇带混凝土的养护：后浇带混凝土由于面积小且是立面不易存水，因此保湿工作难度大且非常重要。在未拆除模板前,由于模板的保护水分蒸发较少,只在表面浇湿即可;而拆除模板后要采取措施保湿,尤其是微膨胀混凝土早期的保湿对强度增长极为关键。

(3)保证质量的具体措施。钢筋混凝土预制板在浇筑时必须严格按照设计配合比拌制混凝土,要保证振捣密实,达到内实外光,几何尺寸控制偏差在允许范围以内,在预制板安装前要进行选择,对有明显缺陷或者几何尺寸偏差大的板,应坚决剔除不用。剪力墙后浇带做法见图2-15所示。

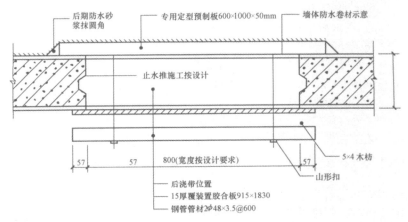

图2-15　剪力墙后浇带做法平面示意图

在安装预制板时,要切实保证预制板与墙面的紧密结合,对墙面不平整部位提前进行修补抹平。预制板预留钢筋与后浇带的钢筋焊接牢固,不允许漏焊及点焊。

对防水附加层进行铺贴时,要按照《地下工程防水技术规范》(GB 50108—2008)相应条文执行,切实确保防水附加层的宽度符合施工规范的规定。附加层的粘贴也要先经过验收,再大面积开铺。整个防水层施工完成后,要加强对成品的保护,及早进行防水保护层的施工,确保防水层不被损伤。

在进行土方回填时,严禁可能产生的冲击荷载。按规定监理要旁站进行回填土的过程监督,施工方也要派专人在地下室内对钢筋混凝土板进行实际观察,一旦出现异常情况,要及时加强支撑处理,目的是不要使防水层受损而产生严重的渗漏后果。

(4)改进施工方法简要小结。胎模施工技术在某工程的地下室3条后浇沉降带中得到应用,当地上工程进入3层时,地下室剪力墙后浇带按照胎模施工技术进行施工,在钢筋混凝土预制板安装完成和防水扰平层施工达到一定强度后,顺利进行 SBS 防水卷材和防水保护层的施工,工程质量和效益明显得到提升。

与传统施工方法相比,运用胎模施工技术,地下室防水、建筑保温节能、土方回填等工程分项可以连续、不间断地进行,加快了工程进度和工程质量,促进了地下室后浇带施工的创新和发展。尤其在市区建筑用地十分紧迫的地段,由于土方一次性整体回填,减少了二次倒运,提高现场平面利用率并降低了工程费用。这部分工程分项比原计划提前 4 个月完成,工作效率提高了 23%,工程质量得到更有效的保证,施工全过程处于安全文明状态,工期得到有效控制,现场环境得到改善,快速、优质、可控,无安全及质量事故发生,胎模施工技术对地下室后浇带的应用实践表明是可行的,为类似工程提供了可应用参考依据。

4. 地下室后浇带自密实混凝土施工控制

现在多层及高层的房屋建筑,都会设置地下室建筑工程,而地下室多用作车库。地下室工程最大的问题就是防水和防止地基不均匀沉降。设置后浇带主要是解决不均匀沉降问题,宽度多数为 800~1200mm 之间,从基础到地下室顶板全部贯通。按照规范的要求,起沉降作用的后浇带要在主体结构封顶、沉降观测稳定后才能补浇。后浇带补浇混凝土必须采用补偿收缩微膨胀混凝土,补偿收缩限制膨胀量为 0.045% 左右,强度等级较原结构体混凝土提高一个级别,浇筑后应加强养护。

某工程地下室车库顶板上覆土厚度约 2m,由于工程为群体地下建筑,面积比较大,但由于临时设施、加工场地、材料堆放、临时道路原因,可以利用的面积较小,按照常规施工会影响整体工程的进度。可采取提前预制钢筋混凝土盖板,地下室顶板后浇带用预制盖板进行封堵后,再用 1:2.5 水泥砂浆抹平。然后,再施工防水层及防水保护层。回填土要分层夯实,将材料堆放场及加工场地转移到车库顶板,待顶部结构施工后,分析、观察沉降数据,经确认主楼沉降稳定后才能浇筑后浇带混凝土。现在采用的自密性混凝土具有很大的流动性,且不产生离析、泌水和分层,功能是不需要振捣,完全依靠自重流平并充满模型和包裹钢筋,是一种新型的高性能混凝土,适合于工程地下室顶板后浇带的施工,虽价格偏高,但方便了特殊地段的施工。

（1）后浇带盖板设计施工。

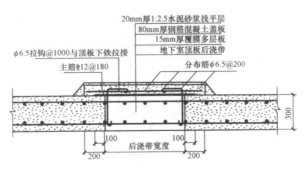

图 2-16　地下车库顶板后浇带盖板剖面图

1）后浇带盖板设计要求。盖板设计一般采取单向板形式，单层钢筋，主筋 $\phi12$ @200，分布筋碑 $\phi8$@200，混凝土采用 C35，受力筋钢筋保护层厚度为 15mm。盖板宽度比后浇带宽 400mm，厚度为 100mm。由预制变更为在后浇带上部垫 20mm 厚覆膜多层板，两侧支模后浇带。盖板内每隔 1m 远增加两个拉钩与地下车库顶板下部钢筋连接。地下车库顶板后浇带盖板剖面见图 2-16 所示。

2）后浇带盖板设计计算。盖板选用 C35 混凝土，板厚为 100mm，宽度为 1m，上覆土种植，容重 $15kN/m^2$，其厚度为 2m，活荷载取 $4kN/m^2$。

A. 荷载计算：种植土自重为 $30kN/m^2$；盖板自重为 $2.5kN/m^2$；活荷载标准值为 $4kN/m^2$。

荷载设计值：$1.2\times(30+2.5)+1.4\times4=44.6kN/m^2$。

B. 弯矩计算：弯矩取 1m 板为计算单元，$M=11.16kN\cdot m$。

C. 截面计算：C30 混凝土，HRB400 钢筋 $\alpha_s=0.217$ 查表求得，相对受压区可以按单截面进行计算。$r_s=0.876$，$A_s=589mm^2$。

D. 配筋：$\phi12$@180。

3）预留泵管处后浇带盖板设计。预留泵管长度 1.5m，由 3m 长泵管中间断开，其间距在 8m 以内。两侧地下车库外墙顶部必须布置泵管。为了保持泵管在盖板上锚固不移动，对预留泵管的后浇带盖板进行加厚处理。该部位盖板厚度为 150mm，配筋同普通盖板相同。在每个沉降后浇带端头留出不小于 1m 长的泄压口且不封闭，待前方自密实混凝土浇筑完成后，由泄压孔浇筑余下的混凝土，随后进行此范围的防水与回填施工。

（2）后浇带支撑设计与施工。沉降后浇带两侧用三排碗扣脚手架支撑，在基础底板处生根,立杆纵横向间距控制在 600mm 以内,内侧立杆距离沉降后浇带 200mm 左右,立杆自由端长度不大于 400mm。水平杆步距 900mm,纵横扫地杆距地面 200mm,脚手架立杆底部设置 50mm×250mm 通长木垫板,立杆上部用 U 形托托住 100mm×100mm 方木顶紧底板。沉降后浇带两侧双排碗扣脚手架连成一体,以增强脚手架的整体稳定性。

　　沉降后浇带支架四周由底至顶连续设置竖向剪刀撑,在垂直后浇带方向每隔 3m 设置竖向剪刀撑。剪刀撑斜向杆与地面夹角在 45°～60° 之间,斜杆应每步与立杆扣接,见图 2-17。

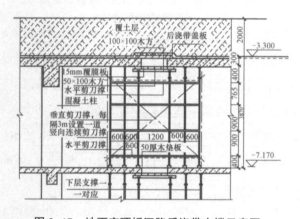

图 2-17　地下室顶板沉降后浇带支撑示意图

　　在沉降后浇带支撑架扫地杆及最上部水平杆位置各设置一道连续水平剪刀撑,剪刀撑宽度为 3m。剪刀撑斜向杆应采用旋转扣件固定在与之相交的横向水平杆的伸出端上或立杆上,旋转扣件中心线至主节点的距离以不超过 150mm 为宜。

　　(3)施工过程质量控制。

　　1)施工工艺流程:支撑系统施工→后浇带封闭→防水层施工→回填土→清理后浇带→钢筋调整→浇筑后浇带混凝土→拆除所有支撑系统→检查。

　　2)后浇带封闭:后浇带清理干净达到要求后,经过隐蔽验收合格后进行后浇带封闭浇筑,依次将后浇带用预制盖板覆盖,盖板表面再用 1:2.5 水泥砂浆抹平,厚度为 20mm。

　　3)后浇带防水层施工。

　　A.后浇带防水层施工工艺流程:基层处理→涂刷基层处理剂→细部附加层处理→弹线试铺→热溶施工 3mm 厚 SBS 聚酯胎改性沥青防水卷材→热熔施工 4mm

厚 SBS 聚酯胎改性沥青耐根刺防水卷材→防水卷材检查→50mm 厚度 C20 混凝土保护层。

B.盖板预留混凝土泵管处理。按照每隔一跨跨中设置的处理措施,在相应位置后浇带预制盖板中预留混凝土泵管,泵管长度为 1.5m,由 3m 长泵管中间断开,预制盖板预留泵管部位的防水做法可以借鉴出屋面管件的防水大样节点,如图 2-18 所示。

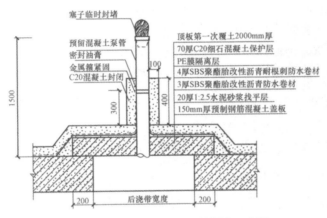

图 2-18 顶板盖板预留泵管覆盖示意图

4)后浇带混凝土浇筑前的各项准备。

A.沉降后浇带浇筑条件。按照施工图要求,沉降后浇带应在主楼结构顶板混凝土浇筑完成后,经过设计、勘查和监理单位分析沉降记录观察数据,确认主楼结构沉降稳定后,才允许浇筑后浇带的混凝土。

B.配合比设计要求。对于普通混凝土配合比设计方法,按照《普通混凝土配合比设计规程》(JGJ 55—2011)和《自密实混凝土应用技术规程》(JGJ/T 283—2012)的要求,根据不同强度等级,要求进行混凝土配合比设计,但是其对自密实混凝土不太适用,配制自密实混凝土应首先确定混凝土配制强度、水灰比、用水量、砂率、粉煤灰用量、膨胀剂用量等主要技术参数,再经过混凝土性能试验强度检验,多次调整原材料参数来确定混凝土配合比的方法。

C.自密实混凝土的特点。自密实混凝土属于高砂率、低水胶比、高矿物掺合料的拌和物。自密实混凝土的性能要求:自密实高流态混凝土的坍落度值一般在200~220mm;混凝土从出机至绕筑必须控制在 1h 内,坍落度损失不大于 20mm,不分层、不离析,水泥一般用普通硅酸盐水泥,砂选择中砂,粗骨料粒径符合泵送要求,也就是在 5~16mm 之间的连续级配,为了减少用水量,都会掺入高效减水剂,为了提高混凝土的和易性,掺入一定比例的粉煤灰或者高炉矿渣,为补偿混凝土的收缩和增加混凝土与管壁的黏结力,掺加 UEA 型膨胀剂,其混凝土初凝时间在 8h 左右。

C35 和 C40 自密实混凝土的配合比参考值:水泥采用 42.5 级普通硅酸盐,C35 混凝土水灰比为 0.39;C40 混凝土的水灰比为 0.36;C35 混凝土的砂率为 0.54;C40 混凝土的砂率为 0.53。(m^3/用量)。

C35 自密实混凝土的配合比为:水泥:水:砂:石子:外加剂:掺合料:UEA = 270 :170:958:850:9.15:80.6:34.9。

C40 自密实混凝土的配合比为:水泥:水:砂:石子:外加剂:掺合料:UEA = 300 :170:962: 821:10.2:83.7:37.8。

(4)沉降后浇带混凝土浇筑控制。

1)混凝土泵管安装原则。混凝土输送管的布置方向尽量减少变化,距离尽可能短,弯管尽可能少,减少输送过程中的阻力。混凝土输送管道垂直布置时,地面水平管长度不要小于垂直管的 1/4,并且不小于 15m。在混凝土泵机 Y 形管出料口 3m 以上处的输送管根部设置截止阀,以防止混凝土拌和物回流。

管道的连接要牢固、稳定,各管卡位置不得与地面或支撑体接触,管卡在水平方向距离支撑体大于 100mm,接头密封严密,垫片不能少。泵体引出的水平管转弯处用 45°弯管。

2)自密实混凝土的浇筑施工。在混凝土泵送前,洒水湿润整个模板及混凝土,冲洗干净,使自密实混凝土的流动更加可靠。输送过程中,检查泵送管连接是否牢固、严密,防止局部漏气,造成泵压力降低。还要预先采用同强度无石子混凝土湿润泵管,防止堵塞。混凝土泵管事前沿后浇带全部铺设,由远及近退后进行拆管浇筑施工,减少接管时间,防止时间过长,造成自密实混凝土的堵塞现象。

对于进场的自密实混凝土要进行坍落度、扩展度、和易性测试,要保证技术指标。在对每个后浇带连接口处的混凝土浇筑进行施工时,当发现混凝土流出相邻接口时,应停止泵送,用锤子砸下止回阀插楔;混凝土泵送完毕后,拆除止回阀以上的泵管,连接下一个连接口,再用同样的工序方法浇筑,直至所有后浇带全部施工完成。在泵送混凝土过程中严格禁止反转泵,在更换车辆时要保证泵送连续不停顿。当自密实混凝土施工完成后,混凝土达到终凝后,才能把止回阀卸下进行周转再用。待钢管内混凝土达到设计强度的70%以后,再拆除连接口。

整个浇筑施工结束以后,将预留混凝土浇筑泵管在地面以下割断,焊接钢板封堵,并刷防锈漆。在浇筑过程中采取敲打模板底板的方法,使自密实混凝土流动畅通,保证拆模后表面光洁。由于每道后浇带自密实混凝土的用量比较少,必须一次浇筑完成,每道后浇带要留置一组标准试块和3组同条件养护试件,这是为了掌握拆模及其强度增长情况备用的试块。

5. 地下人防孔洞口防护常见安全质量问题及对策

孔洞口防护工程是指人防工程出入口、通风口、水暖和电缆穿墙管道。孔洞口防护工程是人防工程中的重要部位,也是最容易出现质量问题的地方。由于孔洞口防护工程在设计环节或施工环节经常存在对规范、图纸和图集要求不完全理解及在施工过程中处理不当等问题,极易造成人防工程不满足预定的防护密闭要求,因此,加强人防工程安全质量必须重视孔洞口的防护工程质量,它是满足人防工程战时防护功能的重要环节,是保证战备效益和人员生命财产安全的关键环节。

(1)出入洞口设计常见问题及处理方法。在人防工程会审图纸中经常会发现一些设计人员在设计人防工程战时,主要出入口不能满足规范要求的情况。例如,战时主要出入口的出入地面段设置在地上建筑物的倒塌范围内,却不设置防倒塌棚架;还有一些设计人员在设计甲类核六、核六B级人防地下室时(关于用室内出入口代替室外出入口时问题更多),将战时主要出入口上的一层楼梯按战时设计;也有的设计人员对规范仅理解一部分,只是将楼梯上部不大于2.0m处做局部完全脱开的防倒塌棚架。其主要原因是对规范的规定没有认真理解,其正确做法是尽量将战时主要出入口的出地面段设在地上建筑物的倒塌范围以外,当条件限制做不到时,应在战时主要出入口的出地面段上方按人防规范设置防倒塌棚架;对于甲类核六、核六B级人防地下室关于用室内出入口代替室外出入口时,应在地上1层楼梯间设置一个与地上建筑物完全脱开的防倒塌棚架,也就是说其棚架的梁、板、柱必须与地上建筑物完全脱开,只有这样才能使结构计算受力更加明晰、合理。

(2)出入洞口施工常见问题及处理方法。在人防工程的现场检查中会发现门框墙施工存在多种不规范问题,如门框墙表面不平整,蜂窝、麻面很多,个别还有漏筋现象,不满足《人民防空工程施工及验收规范》(GB 50134—2004)的要求。甚至有些门框墙垂直度偏差过大,门框上下铰页同心度差超过规范允许范围,给人防门扇安装带来很大困难。出现这些原因主要是由于施工单位对人防门框墙不够了解或重视程度不够,造成有些门框墙不合格,重新返工,重新浇筑,带来工期和经济上的一定损失。

由于门框墙钢筋一般较多,在门框墙钢筋绑扎的过程中又要求先将防护设备的预埋钢门框架立就位,而预埋钢门框上的锚筋又非常多,同时锚筋又要求与门框墙钢筋点焊固定,因此,在整个过程中必须随时控制好垂直度和水平度,同时保证门框墙的结构尺寸准确,表面平整和光滑,支模时门洞内应加密支撑,同时门洞四角加斜支撑,以保证模板刚度,防止变形。由于门框墙模板内空间尺寸小、钢筋密、预埋构件的锚筋多,因此,在浇筑混凝土时必须注意门洞两边的浇筑面高度保持一致,以防止门洞模板推移或变位,只有这样才能保证门框墙的施工质量。

(3)通风口设计常见问题及处理方法。通风口包括进风口、排风口和排烟口。为保证地下工程内部人员的工作、生活,人防工事内需要大量的新鲜空气,且及时排出废气和排出电站的烟雾。因此,通风口战时要继续通风,为此要求在通风口设置防护密闭门或防爆波活门和扩散室等,以便把冲击波阻挡和削弱至规范允许的压力以下,使之不至于伤害内部人员和设备,达到防护的目的。在人防工程审图中,经常发现一些设计人员在设计人防工程战时竖井时,设置在通风口竖井处的防护密闭门很少有嵌入墙内的,这种设计是不满足人防规范要求的,也就是说战时是非常危险的,可能将整个人防工程破坏。《人民防空工程施工及验收规范》规定,其正确做法是当防护密闭门设置于竖井内时,其门扇的外表面不得凸出竖井的内墙面。

(4)通风口施工常见问题及处理方法。通风口安装的悬摆式防爆波活门,是保证战时在冲击波超压作用时能自动关闭,把冲击波挡在外面。防爆波活门施工是控制钢门框与钢筋混凝土墙体的整体密实性和波活门嵌入墙内的一定深度。在施工现场检查时,发现波活门的混凝土浇筑不是很密实,存在很多蜂窝、麻面,更有甚者存在波活门嵌入墙内深度不够的现象。只有波活门嵌入墙内的深度满足规范要求时,才能保证在战时冲击波作用下,波活门在要求的时限内能马上关闭。如果波活门嵌入墙内的深度不满足图纸要求,那么当冲击波从侧向射入时,就会延缓波活门关闭时间,严重破坏波活门,达不到战时防护要求,甚至对人防工事内的人员造成伤害,因此,施工单位必须加以重视。

(5)穿墙管道施工常见问题及处理方法。为了使人防工程在战时能保证人员和物质的安全,还需从室外引进各种管道和电缆。这些管道和电缆有的穿过防护外墙或临空墙,有的穿过密闭墙。这就要求施工中,一定要按照图纸或标准图集做好防护密闭处理。《人民防空地下室设计规范》(GB 50038—2005)规定,"与人防无关的管道不得穿过人防围护结构,当用于人防的管道穿越人防围护结构(人防外墙、临空墙、防护单元隔墙)时必须进行防护密闭处理,人防的管道穿越人防密闭隔墙(密闭通道、防毒通道、滤毒室、简易洗消间的墙)时必须进行密闭处理"。但在实际工程检查中,经常发现有一些与人防无关的管道任意穿越人防工程的围护结构,却不进行任何防护密闭处理,或有些人防的管道穿越人防工程的围护结构虽做了预埋套管,但存在不进行密闭处理的现象,更有甚者由于在施工中漏设置预留洞,施工单位不通知设计院进行相应的加固处理,擅自在混凝土墙上用冲击钻打洞,破坏工程防护和防毒的整体性,使之不满足战时防护密闭要求。下面举例来说明穿墙管的埋设正确做法,如图 2-19 所示。

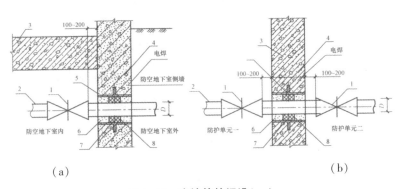

（a）　　　　　　　　　　　　　　（b）

图 2-19　穿墙管的埋设(一)

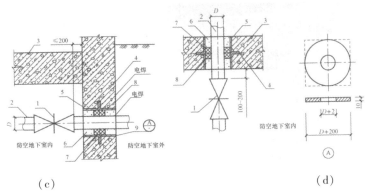

（c）　　　　　　　　　　　　　　（d）

图 2-19　穿墙管的埋设(一)　　　　图 2-19　穿墙管的埋设(二)

1—穿墙管开关(阀门)中心;2—穿墙管;3—混凝土结构墙体;4—套管止水挡板;

5—套管外壁;6—套管内塞填柔性材料;7—套管与穿管密闭处理挡板;

8—套管与穿管密闭处挡板;9—套管与穿管密闭挡板内填料;10—套管在出墙时端头的处理

可以看出,管道从室外穿越外墙、临空墙和防护单元隔墙时,必须在墙体上预埋带有密闭翼环的钢套管。《人民防空工程设计规范》(GB 50225—2005)要求预埋钢套管厚度为 6mm,密闭翼环通常采用 5mm 厚的钢板制作,翼高为 50mm,密闭翼环与预埋钢套管的接触部位应满焊,同时预埋钢套管与穿墙管道的缝隙之间应采用密封材料填充密实。同时,为了阻挡战时冲击波进入人防工事内,应在室外一侧的预埋钢套管上安装防护抗力片,规范要求抗力片应采用厚度大于 6mm 的钢板制作,同时对于与工程外部相连的管道,规范规定应在工事内侧靠近防护墙近端 200mm 处在管道上安装防爆波阀,也可以用抗力不小于 1MPa 的阀门代替。只有这样才能防止战时冲击波或毒气进入地下工事内,满足战时的防护密闭要求。

通过上述分析可知,地下人防工程和平时期是按照平时、战时结合来进行设计和施工的,即人防工程既要具有战时防御功能,又要考虑平时兼用的双重功能。但是,对于人防工程建设的最主要目的仍然是战备防御功能。因此,对于人防工程建设,不论平时如何开发利用,都不应忽视人防工程的战时防御功能,更不应随意降低人防工程的战时防护标准,只有这样才能使人防工程在战时真正发挥其战备防御的作用。

6. 现浇混凝土结构后浇带质量控制

建筑物或构筑物设置后浇带的技术措施已被大量工程采用多年,而后浇带的设计及施工质量,直接影响到结构的安全及经济性。切实处理好结构后浇带的设计与施工,重点是施工技术与施工管理。下面结合工程实践,从模板支设、后浇带内钢筋的绑扎、混凝土的浇筑施工浅述其质量控制措施。

(1)后浇带的概念和分类。

1)为防止现浇钢筋混凝土结构由于温度、收缩不均匀及沉降可能产生的有害裂缝,按照混凝土施工质量验收规范要求,在板、墙、梁相应位置留设临时施工缝,将结构暂时划分为若干部分,在一段时间后再补浇该施工缝混凝土,将结构连成整体。

2)施工后浇带分为后浇沉降带和后浇收缩带两种,分别用于解决高层主楼与低层裙房间差异沉降、钢筋混凝土收缩变形、减小温度应力等问题。随着社会的发展,城市中超长结构、大底盘多塔式结构或形体不规则结构的建筑不断涌现,特别是对地下防水有特殊要求的超大面积地下建筑不断出现。广大建筑师为了建筑立面及空间使用功能的要求,又往往希望结构工程师不留变形缝,这就要求在结构设计中,必须认真对待由于超长给结构带来的不利影响,因为在《混凝土结构设计规范》中,对钢筋混凝土结构伸缩缝最大间距有着严格的要求。当增大结构伸缩缝间距或者不设置伸缩缝时,必须采取切实可行的措施,防止结构开裂。在适当增大伸缩缝最大间距的各项措施中,可以在结构施工阶段采取必要的保温等防裂措施,用以减小混凝土收缩产生的不利影响,或者用设置施工后浇带的方法增大伸缩缝的最大间距。我国建筑施工常用的做法是设置施工后浇带。当建筑物存在较大的高差,但是结构设计根据具体情况可不设置永久变形缝时,如高层建筑主体和多层(或低层)裙房之间,常常采取施工后浇带来解决施工阶段的差异沉降问题。这两种施工后浇带,前者可称为收缩后浇带,后者可称为沉降后浇带。设计时应考虑以某一种功能为主,以其他功能为辅。

3)通常,在设计中,在施工图纸的结构设计总说明中,将设置后浇带的位置、距离通过设计计算确定,其宽度常为 800~1200mm;后浇带部位填充的新浇混凝土强度等级,应比原结构混凝土强度提高一个级别。

(2)造成后浇带质量通病的原因:①后浇带部位的混凝土施工过早,而后浇带两侧结构混凝土收缩变形尚未最后完成;②接口处不支模,留成自然斜坡槎,使施工缝处混凝土浇捣困难,造成混凝土不密实,达不到设计强度等级,如果是地下室底板,还易产生渗水现象;③浇筑前对后浇带混凝土接缝界面局部的遗留零星模板碎片或残渣,未能清除干净;④后浇带底板位置处暴露在自然环境的时间过长,而使接缝处的表面沾了泥污,又未认真处理,严重影响了新老混凝土的结合;⑤施工缝做法不当,特别是后浇带两侧,往往将施工缝留成直缝而遭受破坏;⑥后浇带跨内的梁板在后浇带混凝土浇筑前,两侧结构长期处于悬臂受力状态,在施工期间,本跨内的模板和支撑不能拆除,必须待后浇混凝土强度达到设计强度值的100%以上后,方可按由上向下的顺序拆除。有些施工单位,施工期间模板准备不足或考虑资金等因素,提前拆除后浇带跨内的模板和支撑,造成板边开裂,使结构承载能力下降;⑦杂物落入后浇带内,给后期清理工作带来极大困难,污染钢筋,使钢筋变形,堆积垃圾。

(3)设置后浇带技术的控制要点。

1)后浇带设计控制要点。①后浇带的设置遵循的是"抗放兼备,以放为主"的设计原则。因为普通混凝土存在开裂问题,后浇缝的设置就是把大部分约束应力释放,然后用膨胀混凝土填缝,以抗衡残余的应力。②结构设计中由于考虑沉降原因而设计的后浇带,施工中应严格按设计图纸留设。③由于施工原因而需要设置后浇带时,应视施工具体情况而定,留设的位置应经设计方认可。④后浇带间距应合理,矩形构筑物后浇带间距一般可设为 30～40m,后浇带的宽度应考虑便于施工操作,并按结构构造要求而定,一般宽度以 800～1000mm 为宜。⑤后浇带处的梁板受力钢筋不允许断开,必须贯通留置,如果梁、板跨度不大,可一次配足钢筋,如果跨度较大,可按规定断开,在补浇混凝土前焊接好。⑥后浇带在未浇筑混凝土前不能将部分模板、支柱拆除,否则会导致梁板形成悬臂,造成变形。⑦施工后浇带的位置宜选在结构受力较小的部位,一般在梁、板的反弯点附近,此位置弯矩不大,剪力也不大,也可选在梁、板的中部,弯矩虽大,但剪力很小。⑧后浇带的断面形式应考虑浇筑混凝土后连接牢固,一般宜避免留直缝,对于板,可留斜缝;对于梁及基础,可留企口缝,而企口缝又有多种形式,可根据结构断面情况确定。⑨配置纵向钢筋最小配筋率不宜小于 0.5％,钢筋应尽可能选择直径较小的,一般为 10～16mm 即可,间距尽量选择较密的,宜不大于 100mm,细而密的钢筋分布对结构抗裂是有利的,尤其对于补偿混凝土。

2)后浇带施工环节的控制重点。

A. 模板支设:根据分块图划分出的混凝土浇筑施工层段支设模板(钢丝网模板),并严格按施工方案的要求进行。由于后浇带模板须单独支设,自成一个单独的支撑体系与相邻的模板支撑体系分开。后浇带模板在本跨内应支设一个独立单元,模板拆除时应暂时保留不拆。待后浇带混凝土浇筑完毕并达到设计强度后,方可拆除。

B. 混凝土后浇带缝的处理:①施工中必须保证后浇带两侧混凝土浇筑质量,防止漏浆,或混凝土疏松。浇筑后浇带混凝土前,清理带内水泥浆及垃圾,底板钢筋应调整、除锈,保证板下口钢筋有足够的保护层厚度,然后用清水冲洗施工缝,保持湿润 24h,并排除积水;②对木模板的垂直施工缝,可用高压水冲毛;也可根据现场情况和规范要求,尽早拆模并及时人工凿毛;③对于已硬化的混凝土表面,要使用凿毛机械进行处理;④对较严重的蜂窝或孔洞应进行修补。在封闭施工后浇带前,应将后浇带内的杂物清理干净,做好钢筋的除锈工作;⑤对于底板后浇带,在后浇带两端两侧墙处各增设临时挡水砖墙,其高度高于底板高度,墙壁两侧抹防水砂浆;⑥为防止底板周围施工积水流进后浇带内,在后浇带两侧50cm宽处,用砂浆做出宽5cm、高5~10cm的挡水带。

C.后浇带留设后,应采取保护措施,防止垃圾及杂物掉入后浇带内。保护措施可采用木盖板覆盖在上皮钢筋上,盖板两边应比后浇带各宽出500mm以上。

3)顶板后浇带混凝土的浇筑。

A.不同类型后浇带混凝土的浇筑时间不同:伸缩后浇带视现浇部分混凝土的收缩完成情况而定,一般为施工后的42~60d;沉降后浇带宜在建筑物基本完成沉降后进行。在一些工程中,设计单位对后浇带的保留时间有特殊要求,应按设计要求进行保留。

B.浇筑后浇带混凝土前,用压力水冲洗施工缝,保持湿润24h,并排除混凝土表面积水。

C.浇筑后浇带混凝土前,宜在施工缝处先洒一层1:0.5的素水泥浆,再铺一层与混凝土内砂浆成分相同的水泥砂浆。

D.后浇带混凝土必须采用无收缩微膨胀混凝土,可采用膨胀水泥配制,也可采用添加具有膨胀作用的外加剂和普通水泥配制,混凝土的强度应提高一个等级,其配合比通过试验确定,宜掺入早强减水剂,且应认真配制,精心振捣。由于膨胀剂的掺量直接影响混凝土的质量,因此,要求膨胀剂的称量由专人负责。所用膨胀剂和外加剂的品种,应根据工程性质和现场施工条件选择,并事先通过试验确定配合比,并适当延长掺膨胀剂的混凝土搅拌时间,以使混凝土搅拌均匀。

E.后浇带混凝土浇筑后应及时覆盖草包,蓄水养护,养护时间不得低于28d,这个环节极其关键。

4)地下室底板、侧壁后浇带混凝土的施工。地下室因为对防水有一定的要求,所以后浇带的施工是一个非常关键的环节。因此,对其补浇必须重视的方面是:①后浇带应在其两侧混凝土龄期达到42d后再施工;②后浇带的接缝处理应符合施工规范相关条文对施工缝的防水施工的规定要求;③后浇带应采用补偿收缩混凝土,其强度等级要高于两侧混凝土;④后浇带混凝土养护时间不得少于28d。在地下室后浇带的施工中,必须严格按照规范规定的要求进行处理。

5)后浇带施工的质量控制要求。

A.后浇带施工时模板支撑应安装牢固,钢筋应进行清理整形,施工的质量应满足钢筋混凝土设计和施工验收规范的要求,以保证混凝土密实、不渗水和产生有害裂缝。

B. 所有膨胀剂和外加剂必须有出厂合格证及产品试验报告及相关技术资料,并符合相应标准的要求。

C. 浇筑后浇带的混凝土,必须按规范要求留置试块。有抗渗要求的,应按有关规定制作抗渗试块,其数量满足试验要求。

第三章 砌体工程及外墙外保温系统质量控制

第一节 砌体工程施工质量控制

1. 砌筑工程质量问题及处理方法

建筑工程中砌体结构所使用的是由烧结及非烧结的砖、各种类型砌块、石材等块体通过砂浆黏结而成的结构体。由于这些材料多数就地取材,价格较低,有所需求的耐久性,良好的化学及气候稳定性,并且具有较好的保温、隔热性能,施工工艺简单,质量容易得到保证,更不需要大型机械配合,现阶段仍然在许多中小城市得到广泛使用。但是,由于砌筑也是一种技术,虽然简单、直观,但也需要一定技术培训,而且属于有一定体力强度的工作,因此在一些地方砌体质量问题比较突出,针对砌体中存在的质量隐患,加强管理及技术指导必不可少,这是确保质量的重中之重。

(1)在构造方面加强设计控制。

1)设计深度不够,图纸标示内容粗糙,准确性低且有一些是套用其他工程图,审校走过场,未进行校核。有的是参照别的施工图,但荷载变了而未做更改。一些施工图设计时虽然做了计算,但因漏算或少计荷载,使得承载力不足,再加上施工质量控制较差,也会引起严重质量问题。例如,某砖混结构二层教学楼工程,在即将完工时突然倒塌,造成人员伤亡。事后查明,该工程只是参考一般混合结构布置,草画了几张平立面图及剖面图,就立即进行施工,而且使用了不合格的黏土砖,检验砖的强度等级只有 MU5.0,砌筑砂浆 M5.0,结构承载力严重不足,倒塌只是时间问题。

2)设计方案未进行优化,主要是不考虑空旷房屋承载力降低的一些建筑,如食堂、车间、会议室等层高大、横墙少的房屋,使得空间刚度差,大梁下部应力过大,容易引起事故。在多数情况下,大梁支承在有混凝土垫块的砖墙上,设计时可以按简支梁进行内力分析,在构造上按能够实现铰接的条件考虑。比较好的做法是梁垫提前预制,而不应该同梁整体现浇施工。假若再遇到空旷的建筑房屋,可以按框架结构计算内力来复核墙体承载力,如果墙体承载力偏低而引发约束弯矩,应当采取钢筋混凝土框架结构的建筑,或者把窗间墙改为加垛的 T 形截面。一些设计人员重视到墙体总承载力的计算,但忽略了墙体高厚比和局部承压计算。高厚比不足会引起失稳破坏,而局部不足又未设梁垫,或是梁垫过小,则会引起局部砌体压碎,进而造成整个墙体的倒塌事故。

3)重计算轻构造圈梁及构造柱的设置,可以提高砌体结构的整体性。其在意外事故发生时,可以减轻或减少人员伤亡及财产损失,在地震设防区尤其重要。

(2)施工企业在结构质量问题中的主要因素。

1)原材料的质量优劣是直接影响质量问题的重要因素,也是影响其砌体质量及承载力的重要因素。主要胶结材料水泥,砂及外掺合料,水的组成、含量及配合比的适应与否,都会严重影响到砂浆的使用性能及黏结整体强度,这些因素必须在施工中严格按现行施工质量验收规范进行控制。选择的砌块强度等级也应该满足设计和相关规定的要求。在实际工程中原材料的质量不好是导致的砌体结构质量事故约占总事故的 30%,应当引起各有关方面的高度重视。

2)砌体结构质量的好坏在很大程度上取决于砌体质量。砌体施工中除应掌握正确的组砌方法外,还需要做到灰缝的横平竖直,组砌正确,接槎规范,砂浆饱满。水平灰缝厚度不超过 12mm,砂浆饱满度不低于 90%。砌体的整体性与刚度是保证稳定性的前提。一般在施工过程监管及工序环节不到位,工艺把关不严是造成砌体质量问题的主要原因。其中的砌体接槎搭接不正确、砂浆不饱满、组砌不当和砖柱采取包心砌法引起的质量缺陷频率最高。

3)砌筑中在墙体任意留洞,窗间墙留脚手架眼,在构造柱墙留置支撑模板孔洞及开沟槽等,都会削弱墙体的有效面积,影响整体稳定性。再者,由于墙体早期强度较低,而施工中荷载偏大,很容易造成失稳倒塌。砌体工程必须严格执行《砌体结构工程施工质量验收规范》(GB 50203—2011)中的具体规定及要求组砌。一些建筑墙体比较高,横墙间距大,当楼面层结构未施工形成整体结构时,墙体处于悬臂状态,且砌体初期强度也偏低,若不采取临时加固支撑,遇上大风或水平施工荷载影响时,倒塌是不可避免的,这种倒塌已发生多次。

4)北方地区进入冬季采取冻结法砌筑的墙体,解冻前制订切实可行加固措施,留置在墙体中的孔洞及沟槽、架眼等应及时填补完成,并清除房屋中剩余建筑材料及设备,减轻其荷载。在有条件时,解冻期间要停止其他有振动的作业。要确保墙体对强度、稳定性及自然沉降的需求,防止发生移位倾斜而倒塌。

(3)墙体常见裂缝原因分析。

1)地基不均匀沉降引起的裂缝。地基出现不均匀沉降后,沉降大的部分同沉降小的部分砌体之间产生相对移位,从而使砌体之间形成附加应力和拉应力或剪切力,当附加应力超过砌体的强度时,砌体应力较大位置便产生裂缝。

2)温差引起砌体的裂缝。由于自然环境温度变化不匀使砌体产生不均匀收缩,或砌体的伸缩受到约束时,都会引起砌体的裂缝产生。此外,由于混凝土结构框架及圈梁楼板与砌体的线膨胀系数不同,在温度发生变化时也会引起砌体开裂。

3)地基冻胀引起的裂缝。地基土层温度降低至0℃以下时,冻胀土的上部开始冻结,体积也开始膨胀,向上隆起产生冻胀力,而这种冻胀应力大小又不是很均匀,从而引起砌体裂缝的产生。

4)因承载力不足引起砌体的裂缝产生。假若砌体的承载力不足,则在投用后的荷载作用下,会产生多种裂缝。导致砌体被压碎、断裂及崩塌产生,其结果是砌体失效。因砌体承载力不足的裂缝应采取加固补强措施处理。

5)地震作用引起的裂缝。与钢结构及混凝土结构相比,砌体结构的抗震性能是最差的结构形式。因而应该严格遵守抗震规范设防,增加圈梁及构造柱,加强砌体的整体刚度。

(4)裂缝的预防控制措施。

1)预防砖混结构砌体的裂缝出现。在房屋总体布置方面注重的方面是:首先,在宽度为10~15m的多层房屋总体或单体布置时,高大房屋与低小房屋的间距宜控制在12~15m。当此距离不能满足时,要采取其他措施;其次,高大房屋与低小房屋的间距比较近时,低小房屋的边长宜平行于高大房屋的相邻边;最后,低小房屋与高大房屋的间距较近,刚度又偏低,在施工中工序安排又不合理,而且其边长与高大房屋相邻边垂直时,应将低小房屋做分段处理。

2)在结构构造方面采取的措施。

A.在下列情况下应设置沉降缝:房屋高低差别较大或者荷载差异较大时设置;把高度或荷载不同分开;房屋平面形状比较复杂时,不论高低都要分开处理;当地基不均匀及结构类型不同时,地基处理不同时,房屋部分有地下室、部分无地下室时,应分期建设应分开。

B. 在有高低差别或荷载差别大的单元组合中,如果设置地下室,地下室宜设置在较高或较重单元下,这样可以减少高低或轻重单元之间的沉降差异。

C. 在单元或分段单元内,科学布置承重墙,尽量使纵墙贯通,不要弯曲,横墙间距不要超过房屋宽度的 1.5 倍或 18m。

D. 在砌筑墙体中设置钢筋混凝土圈梁,圈梁高在 180mm,配置纵向筋不少于 $4\phi12$,在有洞口位置还要加强。圈梁的布置要沿着建筑物外墙四周封闭,内纵墙上也要拉通圈梁,圈梁设置数量按规范要求进行。

E. 开窗面积按规定控制。墙身局部开洞过大削弱刚度时,应采取钢筋混凝土框梁加强。

F. 为了减轻墙体门窗洞口上侧出现的八字形裂缝,可以采取在墙体门窗洞口部分加钢筋网片。对裂缝要求较高的房屋,房屋中间不宜设置柱子,四周不宜为承重砖墙的内框架结构形式。

G. 用卷材将屋面与墙体隔开,成为滑动接触面,处理时要认真铺设。屋面女儿墙与保温层脱开,有隔离层;平屋顶的隔热层宜做在结构层上面;伸缩缝与沉降缝内不要夹杂物且上下畅通。

H. 为了防止房屋底层窗台下部出现裂缝,可以在窗台下部砌体中增加配置通长的钢筋,提高砌体的砂浆强度等级。

3)处理砌体裂缝的常规做法。处理砌体裂缝的常用方法有:表面修补法,如填缝封闭、加筋嵌缝等;校正变形;加大砌体截面;灌浆封闭或补强;增设卸载结构及改变结构方案,增加横墙,将弹性方案改为刚性方案,柱承重改为墙承重,砌体结构改变为混凝土结构;等等。砌体外包钢筋混凝土或钢结构,外包钢丝网结构;加强整体性,如增设构造柱、钢拉杆;等等。

表面覆盖对建筑物无明显影响的裂缝,为了美观的需要,可以在表面覆盖装饰材料,而不封堵裂缝;将裂缝转变为伸缩缝,在外墙出现环境温度而周期性变化且较宽的裂缝时,封堵效果一般不明显,有时可将裂缝边缘修直后,作为伸缩缝处理;其他一些方法如因梁下砌块未设混凝土垫块,造成砌体局部承压强度低而产生裂缝,可以采取后加垫块的方法处理,对裂缝较严重的砌体,采取局部拆除重新砌筑来处理更可靠。

（5）砌体的加固处理方法。

1）扩大砌体截面加固法：适用于墙体承载力不足但裂缝尚非常轻微的状态，要求扩大面积是可行的。要求砌块的强度等级与原砌体相同，而砂浆宜提高一个强度等级时，应不小于 M2.5。具体方法有新旧砌体咬槎结合及钢筋连接两种方法。

加固后的承载力计算：

$$N \leqslant \phi(fA + 0.9f_1A_1) \qquad (3-1)$$

式中　N——荷载产生的轴向力设计值；

　　　ϕ——由高厚比及偏心距查得的承载力影响系数；

　　　f,f_1——分别为原砌体与扩大砌体的抗压强度设计值；

　　　A,A_1——分别为原砌体与扩大砌体的截面面积。

2）外加钢筋混凝土加固法：一般适应于砖柱加固，在柱外加钢筋混凝土。其可以是单面的，也可以是双面的，或四周包围加固，竖向受力钢筋可采用 $\phi 10 \sim \phi 14$，横向筋可以用的 $\phi 5 \sim \phi 6$。

3）外包钢加固：适应于砖柱和窗间墙。用高强度水泥砂浆把角钢黏贴在被加固墙体四角，并用夹具临时夹紧固定，然后焊上缀板而形成整体，其具有快速和高强的特点。

加固后为轴心受压的砖柱：

$$N \leqslant \phi con(fA + af_aA_a) + N_{av}$$

加固后为偏心受压的砖柱：

$$N \leqslant fA + Af_aA_a - \mu_aA_a + N_{av} \qquad (3-2)$$

式中　f_a——加固型钢的抗压钢筋设计值；

　　　A,A_a——分别为受压或受拉加固型钢的截面面积；

　　　N_{av}——由于缀板和角钢对砖柱约束而提高的承载力；

　　　μ_a——受拉肢型钢 A_a 的应力。

4）钢丝网水泥砂浆加固。用钢丝网加固，首先在整个墙面的两个侧面绑扎钢筋（丝）网片，并用穿墙拉筋固定后，再分层抹高强度水泥砂浆，形成整体墙体，用以提高墙体的承载力及延性。必要时，可采取压力喷浆代替人工分层抹压，也可以支设模板用以浇筑细石混凝土，在振动棒的作用下加固效果会更好。

综上浅述可知，砌体工程由于是一块一块用砂浆黏结组合的块体建筑，其刚度和整体性也会存在各种质量缺陷。只要不断地分析总结，认真按现行规范操作控制,严格把好设计构造关,并采取优化设计,在材料选择构造上结合地区实际择优选择,施工中严格管理,把好工艺过程控制,以确保建筑质量。当发生质量问题时,应认真探讨分析原因,根据不同情况有针对性地进行加固处理,使建筑在寿命期内正常安全居住,保证生命财产安全,造福人民群众。

　　2. 混凝土小型空心砌块应用现状及发展

　　随着国内建设资源节约型社会工作的逐渐深入,许多城市已经限制使用实心黏土砖,墙体材料革新已成为我国土地资源可持续发展战略的重要内容。混凝土小型空心砌块,在我国 20 世纪 90 年代以前一直缓慢发展,从那时开始国家就逐步对小砌块的生产及工程应用制定了必要的政策、规范,并从国外引进了一些先进的砌块生产成套设备,小砌块进入了全面发展的阶段。经过几十年的发展,我国的小砌块生产从传统的粗放型逐渐向集约化、规模化转变,小砌块的应用也突破以往建造农房、村镇住宅的局限,逐步在多层、中高层建筑中得到了推广、应用,小砌块节地、利废、施工方便、综合工程造价低等优势得到了充分体现,已逐步被社会认识,但小砌块产品仍存在诸多质量问题,如砌块墙体易开裂、节能效果差等突出缺点,也限制了其推广应用。

　　(1)小型砌块的种类及外形规格。混凝土小型空心砌块按粗骨料的种类分为普通小砌块和轻骨料小砌块;按用途分为保温型、承重保温型、承重型小砌块、装饰砌块;按砌块孔洞数分为实心、单排孔、双排孔、多排孔小砌块。目前,小砌块主规格为 390mm × 190mm × 190mm,其他常见的规格有 390mm × 240mm × 190mm 和 390mm×290mm×190mm,还有作为辅助砌块的规格有 190mm×190mm×190mm、190mm×90mm×190mm、190mm×56mm×90mm 及一些复合节能砌块的不同块型及配砌块。

　　(2)小型砌块及其建筑发展的优势。

　　1)节约资源和能源:小型砌块不使用耕地土壤,生产 1m³,用标准煤 30kg 左右,而生产传统墙材实心黏土砖 1m³ 则用标准煤 114kg 左右,生产实心页岩砖 1m³ 用标准煤 136kg 左右。1m³ 小砌块的生产能耗约占实心黏土砖和实心页岩砖的26.3% 和 22.1%。

　　2)节约土地资源:混凝土小砌块不用黏土,不会破坏耕地和土地资源,利用工业废渣、煤渣、粉煤灰、自燃煤矸石、磷渣、矿渣等工业灰渣可以生产轻骨料混凝土小砌块,也可以将粉煤灰、磨细的煤渣、矿渣、磷渣取代部分水泥,加入极少量的外加剂,生产高性能砌块。

3)适用范围广、经济合理:与加气混凝土砌块等相比,混凝土小砌块不但可以作为墙体填充材料,高性能的也可作为承重砌块。据综合分析,混凝土小砌块承重墙体厚度薄,相同建筑面积的砌块住宅比砖混住宅的使用面积要多2%~3%,而造价基本持平;与普通钢筋混凝土结构建筑相比有明显的经济优势,某小区12层小砌块住宅,其建筑比普通框架结构住宅每平方米造价降低约200元,小砌块建筑是继砖混结构后多层住宅土建造价最低的建筑体系之一。

4)可持续发展:生产混凝土小砌块可减少对环境的污染,保护生态平衡,既能满足当代人的需要,又不危害后代人的经济发展和社会进步,符合我国资源可持续利用的发展战略。

(2)小型砌块及其建筑存在的问题。

1)部分企业生产设备相对落后:小型砌块的生产工艺大致分为4个环节,即原材料制备、成型、转运养护、码垛,这4个环节的设备性能优劣程度直接影响着砌块的产品质量和生产效率。目前国内部分企业生产设备陈旧、自动化水平低、管理不严,导致许多小砌块的性能指标达不到标准要求,强度低且缺棱掉角,产品质量差。

2)小砌块养护不到期即出厂使用:根据国家现行行业标准《混凝土小型空心砌块建筑技术规程》(JGJ/T 14—2011)的规定,小砌块在厂内的自然养护龄期或蒸汽养护期及其后的停放期总时间必须确保28d以上,但有的厂方为了增加产量获取利润,小砌块自然养护7~10d即出厂,出厂前砌块无防雨和排水措施,因此,小砌块相对含水率超标,上墙后干缩率大,容易导致墙体开裂。

3)单一小砌块墙体保温隔热效果差:在各类小砌块中,陶粒小砌块保温隔热性能相对较好,根据《混凝土小型空心砌块建筑技术规程》(JGJ/T 14—2011),190mm厚的单排孔陶粒(500级)小砌块,其热阻仅为0.43W/(m² · K)。在我国以往的各类砌块建筑中,绝大多数墙体采用保温隔热性能较差的190mm厚单排孔混凝土小型空心砌块,使得多数建筑物墙体的热工性能差、能耗高。随着我国建筑节能要求的逐步提高,单一小砌块墙体保温隔热效果差的缺点也日益突出,必须与高效保温材料复合,才能达到节能50%的要求。

4)小砌块建筑墙体易出现裂缝:小砌块的含水率相对较大,混凝土在硬化过程中逐渐失水而干缩,在自然养护28d后,其干缩约完成60%,在装修抹灰后又进行一次干缩,会产生很大的拉应力,当拉应力超过砌体的抗拉强度后,易在梁底、柱边、窗边等部位出现干缩裂缝。另外,小砌块砌体的线膨胀系数约为 10×10^{-6},对温度比较敏感,特别是在夏季,建筑物顶层的小砌块墙体与屋面混凝土楼板形成不同的温度场。当温度较高时,屋面板的变形大于墙体变形,对顶层墙体产生水平推力,同时屋面板又受到墙体的约束,因此,在墙体内产生拉应力或剪应力,由于小砌块砌体的抗拉强度、抗剪强度较低,当墙体内的温度应力超过砌体的抗拉强度或抗剪强度时,就会在墙体出现斜裂缝或水平裂缝。

5)小型砌块砌体结构技术措施并不完善:目前,小砌块在应用中均沿用了国外的做法,即在小砌块的孔洞中插入一根钢筋并浇筑混凝土形成芯柱,达到砌块结构形成整体的目的,但是这类做法也存在诸多弊端:一是设置芯柱数量过多,根据我国有关规范、标准,内外墙连接处、外墙转角处、内墙交接处及洞口两侧均需设芯柱若干个,如此一幢6层建筑将设置数千个芯柱,这无疑对施工操作造成一定困难,不利于保证工程质量;二是众多数量的芯柱至今没有解决如何检查其浇筑混凝土的质量和钢筋的连接问题,许多工程中存在着芯柱空洞或离析、钢筋弯折或无搭接问题。

(3)小型砌块及其建筑发展趋势。

1)生产模式必须得到转变:由于小企业、小作坊式的生产设备落后,管理措施不当,其砌块产品质量不稳定且较差,为工程质量埋下质量隐患。随着科技的不断发展和对砌块产品质量要求的日益提高,传统的粗放型生产模式将发展为集约化、自动化的大模式。小企业、小作坊将逐渐减少并被淘汰,取而代之的是拥有高度自动化的生产设备、管理体系完善的大企业,这将有利于保证砌块产品质量,规范砌块供应市场。

2)因地制宜地发展小砌块:我国各地具有多种资源,随着实心黏土砖的禁止使用,应充分利用当地的资源发展小砌块来替代实心黏土砖。根据当地资源,东北三省、内蒙古自治区、山西省等地可广泛发展火山渣和浮石混凝土小砌块;北京市、天津市和安徽省、云南省等可发展页岩陶粒、粉煤灰陶粒混凝土小砌块;山东省、河南省和新疆等地可发展煤矸石和煤渣混凝土小砌块等。

3)小砌块建筑节能措施多样化:小砌块建筑向节能建筑发展是历史的必然。针对目前严峻的资源及能源形势,国家陆续制定了一系列建筑节能标准、政策,规定新建居住建筑必须达到节能50%的要求,北京市、天津市和山东省的地方标准要求更高,新建居住建筑须达到节能65%,公共建筑达到节能50%。这些建筑节能标准、政策对混凝土小砌块建筑提出更高的要求,为达到各地的节能标准要求,应在小砌块建筑中采用不同的节能措施。使小砌块建筑达到节能要求的有效途径是将小砌块与高效保温材料复合构成复合墙体,目前主要包括内保温、夹心保温及外保温三种形式。内保温是将保温材料置于建筑物内侧,但热桥、结露等问题解决起来有一定困难,目前主要用于南方地区建筑隔热;夹心保温做法效果好,但对墙体厚度要求较高,主要用于北方严寒地区;外保温做法既能保护主体结构,又能减少温度应力对房屋结构的破坏作用,增加房屋的使用寿命,在我国许多地方得到了广泛应用。另外,根据小砌块中空的特点,还可以在孔洞中插入保温材料,并结合上述 3 种保温措施进行建筑节能,以有效达到节能要求。近几年来,我国一些单位对小砌块建筑节能工作进行了研究和工程试点应用,并取得了较好的效果。例如,克拉玛依某科技大厦,建筑面积约 8600m²,保温措施采取了夹心保温,外墙采用页岩陶粒混凝土小砌块,内侧厚 190mm,外侧厚 90mm,内外抹灰厚 15mm,内外墙砌块之间嵌入 50mm 聚苯板,屋面采用 100mm 聚苯板。据测算,节能前建筑物耗热量指标高达 41W/m²,节能后为 27W/m²,节能前耗煤量为 238t/年,节能后为 119t/年。

4)承重小砌块建筑将日益增多:近二十年来,我国对混凝土小型砌块承重建筑进行了许多研究工作,结果表明在承重墙体中设置适量的芯柱,在纵横墙交接处、薄弱墙肢及其他重要部位设置钢筋混凝土构造柱,形成钢筋混凝土与砌块组合结构体系,从而保证了墙体连接的可靠性,提高了房屋整体性,并改变了砌体的受力状态。在上海市、天津市和山东省、黑龙江省等地均进行了小砌块承重建筑工程应用,结果表明这种砌体结构经济合理,相同建筑面积的砌块住宅比砖混住宅的使用面积要多,与普通钢筋混凝土结构建筑相比,又有着明显的经济优势,因此,具有广阔的推广应用前景。

5)各地制定和完善小砌块地方及企业标准:目前,虽然有相关的国家标准和行业标准对小砌块进行规范、要求、指导,但由于我国各地小砌块差别较大,国家标准、行业标准的部分内容不完全适合地方小砌块,因此,全国许多省份制定了各自的地方标准,用于指导当地小砌块的生产及其工程应用。近些年来一些省市和生产企业发布实施了各种版本的《混凝土小型空心砌块建筑技术规程》等,规程根据各地区具体情况,结合目前建筑节能技术发展的要求,参考发达国家现行标准和其他地方标准,进行了大量的科研工作,在产品质量、砌块块型、墙体控制缝和屋面分隔缝做法、砌筑砂浆的分层度、砌块的含水率和相对含水率、混凝土的坍落度、砌块热工性能指标、建筑节能构造做法等方面均提出了不同于国家标准、行业标准的具体要求,有助于解决小砌块产品及其工程应用中的诸多质量问题,为各地区小型砌块建筑的健康发展提供了技术支持。

综上所述,混凝土小型空心砌块具有节能、节地、减少环境污染、保持生态平衡的优点,符合我国建筑节能政策和资源可持续利用战略,已被列入国家墙体材料革新和建筑节能工作重点发展的墙体材料之一。目前小砌块市场竞争激烈,产品质量参差不齐,许多小砌块生产、设计、施工人员专业素质低,针对这些问题应加强市场管理,加大科研力度,及时组织小砌块行业的技术培训。只要生产、设计、施工、监督等单位人员提高技术水平,确保产品及工程质量,认真解决小砌块生产和应用中的问题,我国的小砌块及小砌块建筑一定会快速、健康、可持续地发展,为建筑市场提供更多的可选择墙体材料。

3. 混凝土砌块抗压强度的主要影响因素

混凝土砌块作为一种比较新型的墙体材料,已在我国建筑工程墙体中得到一定应用,相关的产品标准就有两个国家标准、两个建材行业标准。作为砌块最主要的性能指标——强度等级(抗压强度),4 项产品标准中有关抗压强度检测,均采用《混凝土砌块和砖试验方法》(GB/T 4111—2013)中规定的单块坐浆试件直接试压,即不考虑块型尺寸这一影响因素。在《混凝土砌块和砖试验方法》(GB/T 4111—2013)中对抗压强度试验与计算方法的基础上,分析砌块抗压强度的影响因素。

(1)原材料对砌块抗压强度的影响。

1)水泥种类:对强度影响最重要的是水泥选择,几十年来我国混凝土砌块生产的常用水泥共有 6 种,即纯硅酸盐水泥、普通硅酸盐水泥、矿渣硅酸盐水泥、火山灰质硅酸盐水泥、粉煤灰硅酸盐水泥及复合硅酸盐水泥,主要因混合材料品种和矿物掺量的不同而性能各不相同。纯硅酸盐水泥有明显的早强作用,3d 强度可达 28d 强度的 40%,水泥水化热高,适宜冬季生产,砌块的抗冻性好;但砌块后期强度发展较慢。普通硅酸盐水泥的早期强度比硅酸盐水泥稍低,但高于其他水泥,水泥水化热比其他水泥高,生产砌块的抗冻性较好。矿渣硅酸盐水泥的早期强度偏低,生产砌块的后期强度发展较快,水泥水化热低,砌块的抗冻性能可能会受影响,不宜在冬季生产时选用。火山灰质硅酸盐水泥的早期强度低,生产砌块的后期强度仍有较大发展,水泥水化热低,抗冻性能差。粉煤灰硅酸盐水泥早期强度发展缓慢,砌块的后期强度有较大发展,一定要采用养护窑养护,不宜露天自然养护;砌块的抗冻性不好。复合硅酸盐水泥的早期强度较低,水化热低,抗冻性差,不宜选用。

当需配制生产 MU15 以上(含)的高强度混凝土砌块时,水泥宜采用硅酸盐水泥或普通硅酸盐水泥。砌块强度不小于 MU10 时,应采用 42.5 水泥;不小于 MU20 时,宜采用 52.5 水泥。

2)骨料:当生产强度 MU15 以下砌块时,抗压强度主要与水泥质量、掺加量及水灰比有关。当单方混凝土的水泥用量达到 500kg 时,再增加水泥用量,则对砌块强度提高无明显作用,而骨料的粒径、粒形、级配、最佳砂率等,则上升为影响混凝土砌块强度的主要因素。

①粗骨料。a. 骨料级配:由于砌块的壁、肋厚度的影响,粗骨料粒径应为 5~10mm,采用连续级配。采用合理的粗骨料级配,能保证混凝土密实,提高强度和耐久性,降低水泥用量。若供应商提供的粗骨料不能满足级配要求,可在搅拌投料时进行人工级配调整,即用 2 或 3 种不同粒径的石子按一定的比例投料,或掺入一定比例某粒级的石子。良好的粗骨料级配应为:骨料间的空隙率最小,骨料的总比表面积要小。b. 粒径及表面状况:常用粗骨料有卵石和碎石两种。卵石表面光滑,少棱角,表面积较小,水泥浆黏结力较差,强度较低;碎石表面粗糙,多棱角,表面积较大,与水泥浆黏结力较强,在水灰比相同的条件下,一般比卵石混凝土砌块强度提高 10%左右。c. 粗骨料强度:用于生产高强度砌块的粗骨料,宜选用坚硬密实的石灰岩、辉绿岩、花岗石、正长岩、辉长岩等火成岩类碎石。粗骨料强度可用岩石立方体强度和压碎指标表示,强度压碎指标越小,则表明粗骨料的强度越高。粗骨料若有风化状态或软弱颗粒过多,则会降低强度。d. 针片状含量要求:通常人们习惯定义,凡颗粒长度大于该颗粒所属平均粒径 2.4 倍者,称为针状颗粒;颗粒厚度小于平均粒径的 0.4 倍者,为片状粒径。由于针、片状颗粒易折断,粗集料中这两种颗粒含量多时,会降低砌块的抗压强度。表 3-1 为干硬性混凝土水灰比的选用。

表 3-1　干硬性混凝土水灰比的选用

水灰比	各龄期混凝土砌块强度(以水泥强度等级的百分比表示)			
	1d	2d	3d	4d
0.30	30	47	57	110

水灰比	各龄期混凝土砌块强度(以水泥强度等级的百分比表示)			
	1d	2d	3d	4d
0.35	28	45	55	100
0.40	25	38	48	80
0.45	20	32	40	70
0.50	16	27	34	63
0.55	14	22	28	56
0.60	12	19	25	50

②细骨料:细骨料对高强度砌块强度的影响较粗骨料要小,但砂子粒径和级配仍是必须考虑的影响因素。河砂质量相对较好,山砂往往含泥量或含泥块量过高,必须经冲洗后使用;海砂含有氯离子等有害离子,必须清洗,达到建筑用砂的标准要求时方可使用。试验室的微观观察发现:山砂与水泥的黏结性能比河砂好。生产高强度混凝土砌块时,砂子的细度模数以 2.6~3.2mm 的中砂为宜,小于0.315mm 的数量宜少。细骨料的 0.6mm 累计筛余量最好大于 70%, 0.315mm 累计筛余量达到 90%,而 0.15mm 累计筛余量达 98%。

3)矿物掺合料:矿物掺合料不但能代替部分水泥,降低生产成本,同时也能改善新拌干硬性混凝土的成型性能等,提高混凝土砌块的强度。

A.粉煤灰:目前我国生产混凝土砌块时使用量最大的矿物掺合料。一般来讲,掺加粉煤灰的混凝土砌块其 28d 以前的强度低于基准混凝土砌块,90d 以后强度才与基准砌块相等。若生产高强度砌块,宜选用Ⅰ级灰;粉煤灰的掺加量原则上不宜超过水泥重量的 25%。掺粉煤灰混凝土砌块不宜再采用火山灰质硅酸盐水泥和粉煤灰硅酸盐水泥。考虑到砌块的其他性能要求,普通混凝土砌块的粉煤灰用量宜控制在水泥用量的 50% 以内。

B.磨细矿渣粉:掺加磨细矿渣粉的混凝土砌块,其密实度有较大提高,能提高混凝土强度,改善砌块的抗渗性和抗冻性。但由于目前我国磨细矿渣粉价格仍偏高,因此在砌块厂采用的极少。

C.硅灰:硅铁合金或硅合金生产中从电弧炉烟道中收集到的粉灰,颗粒很细,活性二氧化硅含量很高,达 85%~95%,火山灰活性最为强烈。掺加硅灰的混凝土砌块 28d 强度远远高于未掺的基准配合比砌块,通常 1 份硅灰相当于 2~5 份水泥产生的强度。由于硅灰相对水泥而言价格极高,因此国内还没有在砌块生产中掺加硅灰的报道。

4)外加剂:在混凝土砌块生产中掺加外加剂,根据其最终要达到目的的不同,主要有如下几种。①抗渗剂:提高砌块的抗渗性能,在装饰砌块或清水墙用光面砌块生产时,原则上均需掺入。它对强度影响不大。②早强剂:主要作用是加速混凝土硬化,提高砌块的早期强度。在进行冬季生产或蒸汽养护时常常采用,一般对砌块 1d 强度提高 25%~35%,3d 提高 20%~30%,7d 提高 5%~10%,28d 以后强度影响不大。③减水剂:能使混凝土在工作性能不变的情况下显著减少拌和物的用水量,以提高强度,改善其抗冻性、抗渗性和泌水性。普通减水剂 3d 和 7d 强度比基准混凝土砌块强度提高 10%~15%, 28d 提高 5%~10%;高效减水剂 3d 强度可提高 10%~20%, 7d 提高 15%~25%,28d 提高 10%~20%。特别要注意外加剂的适应性问题,掺加效果与水泥的适应性有关(即两者的"协调匹配"问题),外加剂与矿物掺料也有适应性问题。外加剂中最常用的是早强剂和减水剂。

(2)配合比对混凝土砌块抗压强度的影响。

1)水灰比的影响:由于受混凝土砌块成型工艺的特性——混凝土振动加压成型影响,实际水灰比对砌块强度的影响远远没有对湿法混凝土强度的影响大。资料介绍,理论上水泥完全水化的水灰比为 0.24,大于 0.24 则存在毛细水,所以,混凝土用水量很大一部分是满足混凝土工作性能要求。生产砌块需要确定水灰比时,最优先考虑的是成型性能,而不是砌块强度,即最佳水灰比值应可成型、混凝土密实度最大化、所需成型时间短、成型后坯体不变形。但并不是水灰比对砌块强度没有影响,表 3-1 是不同水灰比对强度的影响情况。在满足工艺、砌块其他性能要求的前提下,水灰比仍是越小越好。

2)水泥用量的影响:很多混凝土砌块生产企业有一个认识误区,即认为仅靠提高水泥用量就可以提高砌块强度。MU15 以下混凝土砌块的强度虽然与水泥用量有关,但由于砂石骨料本身强度比水泥水化产物高得多,因此增加水泥用量可提高砌块强度。而对于高强度混凝土砌块,随着混凝土强度与砂石本身强度的逐渐接近,砂石本身强度及其与水泥黏结力将直接影响抗压强度,水泥石强度将不再是决定混凝土砌块强度的唯一因素。当单方混凝土的水泥用量达到 500kg 后,再增加水泥用量对强度提高无明显作用,即强度与水泥用量已不成线性关系。

3)砂率影响:表3-2为砌块生产选择砂率的参考值。砂率对砌块强度的影响,主要受粗骨料规格、级配的影响,即粗骨料选定后,最合理的砂率也应可以确定——在不影响成型的前提下,最大限度地填充粗骨料间留下的孔隙。

表3-2　混凝土砌块生产砂率参考数据

种类	粗骨料粒径/mm	砂率(%)
卵石混凝土	5~10	35~41
碎石混凝土	5~10	38~44

砂率确定原则:①细砂的砂率要小,粗砂的砂率应大,随砂的细度模数增大而增大,粗骨料粒径大,则砂率小;②粗骨料为碎石,则砂率大,粗骨料为卵石,则砂率小;③水灰比大,则砂率大,水灰比小,则砂率小;④水泥用量大,则砂率小,水泥用量小,则砂率大。

(3)制作工艺及设备对砌块抗压强度的影响。

1)原料计量的影响:原料的重量计量法比体积计量法更准确。原则上水泥、掺合料的称量误差不超过±2%,砂、石骨料的称量误差不超过±3%。经验数据表明,当砂子的称量存在±8%误差、石子的称量存在±5%误差时,砌块强度相应会降低或提高一个等级,即最少出现0.25Mpa的波动。

2)混合搅拌的影响:对于干硬性混凝土来说,采用强制式搅拌机要比采用单(双)卧轴式搅拌机的搅拌均匀性好,即达到相同强度等级砌块所需的水泥用量可有所降低。由于受搅拌机价格差异的影响,目前国内绝大多数砌块生产企业(包括很多引进成型机的企业)仍选用卧轴式搅拌机。这方面是我们与欧美发达国家的差距之一。

搅拌时间的长短对拌和物均质性有明显影响,搅拌时间过短会降低混凝土砌块的强度。在相同的配合比和养护条件下,采用二次投料搅拌工艺比一次投料搅拌工艺,混凝土的和易性较好,砌块3d强度可提高20%,7d强度可提高28%,28d强度可提高15%。若配制相同强度的混凝土,二次投料搅拌工艺可节约水泥15%~20%。当生产轻骨料混凝土砌块时,当所用轻骨料的吸水率大于10%时,搅拌前应对轻骨料进行预湿,这样可提高混凝土砌块28d强度5%~35%。

3)成形的影响。

A.成型机振动方式。现在砌块成型机的振动方式分为台振和模振两种方式。

台振是将振动电机置于台座下,另外也有在上压头上装振动器,对砌块上表面施加振动。模振是在模箱的侧面上配备振动,振动直接传给模箱内混凝土,砌块密实性和均匀性较好。一般的台振成型机,每块砌块配置的振动功率在 1.1kW~1.6kW,用它生产高强度砌块需有一定条件;模振成型机每单块砌块配置的振动功率在 3kW~5kW,比较容易实现高强度砌块生产。

B. 振动成型参数。①振动频率 w 和振幅 A:频率的选择原则,是使强迫振动的频率尽可能接近混凝土骨料自振频率,目的在于引起共振,但混凝土骨料颗粒料径很多,自振频率各异,因此,实际生产常以骨料颗粒的最大粒径和平均粒径为依据,选择适宜频率。一般来讲,干硬性混凝土宜采用高频率、小振幅。目前,国产砌块成型机采用频率多数为 50Hz（3000 次/min）,振幅为 0.3~1.2mm。当骨料粒径较小时,振幅宜选较小值。②振动加速度:振动加速度是频率和振幅的函数,即 $\alpha \approx 0.01A^n(\mathrm{cm/s^2})$。当它由小增大时,混凝土拌和物结构黏度下降加剧,加速度继续增大,黏度下降渐趋缓和。当加速度增大到一定数值时,黏度趋于常数。振动加速度作为混凝土振实效果的综合参数,要根据混凝土拌和物工作度（流动性）来选择。不同配合比混凝土的黏度不同,所选振动加速度也应有所不同。一般来讲,干硬性混凝土选用的加速度应大一些。③振动烈度 L:振动烈度是振幅平方与频率三次方的乘积,即 $L = A^2n^3$。一般对干硬性混凝土而言,振动烈度 L 为 200~600cm^2/s^3;特干硬性混凝土的振动烈度为 600~800cm^2/s^3。④振动延续时间 t:根据国外的试验数据,干硬性混凝土在不同振动频率下,振动延续时间的前 2~3s 内,混凝土的振实效率最大,而在 10~20s,则作用非常小。对于组分一定的干硬性混凝土拌和物,在一定振动频率和振幅情况下,或在一定振动加速度、振动烈度前提下,均有一个最佳的振动延续时间,即混凝土拌和物充分振实所需的时间,此时物料内部已无气泡排出,不再沉陷,若再延长振动时间,则砌块坯体表面开始出现水泥浆。成型机的一般振动延续时间很短,仅 2~3s,较长的也不大于 10s。

如果采用台振机生产成型高度较大的制品,除需考虑加上压头振动外,振动延续时间相对较低高度制品要长。

4）养护措施的影响:混凝土砌块硬化过程是水泥水化反应过程,水泥水化反应的速度与下列 3 个因素有关:环境温度、湿度和养护时间。

当温度较高时,水泥的水化、凝结和硬化的速度较快,但养护初期的温度也不宜过高,以使混凝土内的水泥石分布均匀;当环境温度低于 0℃时,水泥的水化趋于停止,难以凝结硬化。水泥水化是水泥与水之间的化学反应,因此必须在水泥颗粒表面保持足够的水分,所以养护过程要保持环境相对湿度大于90%。在正常养护条件下,混凝土强度随养护龄期的增加而提高,初期强度增长较快,后期增长较慢,即使龄期延长到很久以后强度仍有所增长。在试验室条件下,硅酸盐水泥的最佳养护温度为13℃。养护温度在4~5℃之间的混凝土强度都较养护温度在32~39℃之间的高。成型后砌块采用自然养护时,空气中湿度、温度变化对强度影响很大,砌块28d强度一般为标准养护的70%~85%,平均为85%。表3-3为砌块龄期强度的增长情况,实际上存放3个月的强度仍在增长。

表3-3 砌块各龄期强度增长值

龄 期	7d	14d	28d	90d
砌块28d抗压强度相对值	0.6~0.75	0.8~0.9	1.0	1.25

由露天不同条件自然养护时砌块强度的对比得出结论:目前,绝大多数采取堆场自然养护的砌块生产企业,只要采取加盖草袋或塑料薄膜等保持湿度的措施,砌块28d强度可有所提高;或也可以作为降低水泥用量、提高产品质量的简易措施之一。

(4)砌块结构对抗压强度的影响。

1)砌块空心率:通过一些实践试验,对不同材料组成的混凝土立方体(边长150mm的立方体试件)强度与混凝土砌块强度之间的关系,按数理统计方法,得出经验公式:

$$R_K / R_1 = 0.9577 - 1.129K \tag{3-3}$$

式中 R_K——混凝土空心砌块28d抗压强度;

R_1——混凝土立方体试块28d抗压强度;

K——砌块的空心率。

由此可见,砌块空心率的大小对砌块抗压强度有影响,空心率增大,砌块强度下降,但两者不是线性关系,空心率在一定范围内对强度影响不十分显著。当混凝土立方体抗压强度及 R_1 为29.4~58.8MPa时,及 $R_K / R_1 = 0.37$;而当混凝土立方体抗压强度 $R_1 < 29.4$MPa 时,$R_K / R_1 = 0.41$。说明混凝土立方体强度越高,它与砌块强度比值有所减少;生产轻骨料混凝土砌块时,其砌块强度约为轻骨料混凝土立方体试件强度的2/5。

2）砌块壁、肋厚度的影响

A.壁厚的影响：一般来说，在同样空心率条件下，小孔、多孔砌块比大孔、少孔砌块的抗压强度和抗弯强度高。例如，当大孔、小孔的承重砌块外壁壁厚不大于25mm时，砌块强度显著下降。这也是《普通混凝土小型空心砌块》（GB 8239—1997）规定最小外壁厚不小于30mm的原因。混凝土多孔砖，当外壁壁厚分别为20mm、15mm、12mm时，其单块的强度变化并不大。因此为提高砌块的热工性能，对于多排孔砌块，建议在今后修订产品标准可放宽对砌块外壁壁厚的要求，而不应该仍旧照搬"最小外壁厚不大于30mm"的指标。

B.肋厚的影响：对肋厚度分别为25mm和60mm砌块抗压强度进行比较，当混凝土强度不变时，靠增加中肋厚度（25~60mm），降低空心率12％，砌块重量增加23％，则砌块抗压强度平均值提高39％。《普通混凝土小型空心砌块》（GB 8239—1997）对肋规定为"最小肋厚应不小于25mm"，并没有对标准砌块的一条中肋、两边肋分别做单独规定。这也导致我国目前标准砌块的块型图中，很多企业采取中肋与端面肋相同的厚度。从砌体结构角度分析，两条端面肋并排黏接，承载在下一皮砌块的中肋上，这种肋厚相同的块型显然对砌块承重墙体的结构力学性能不利。建议在进行《普通混凝土小型空心砌块》（GB 8239—1997）修订时，将肋厚的规定修改为"对于平头块型，中厚最小肋厚50mm，边肋最小肋厚20mm；对于非平头块型，中厚最小肋厚60mm，边肋最小肋厚20mm"。这从结构受力上更趋合理。肋厚对抗压强度的影响见表3-4。

表3-4　砌块肋厚对抗压强度的影响

项　　目	中肋厚25mm	中肋厚60mm	比较（％）
砌块尺寸/（mm×mm×mm）	390×190×190	390×190×190	
空心率（％）	60	53	88
砌块质量/（kg/块）	13.1	16.1	123
混凝土强度/MPa	20.1	20.1	100
砌块强度/MPa	5.7	7.9	139

C.内孔圆角大小的影响：通过比较，方角孔强度最低，半径20mm的小圆孔要比半径40mm的大圆角强度略低。其强度实际上除与砌块空心率变化有关外，还与圆角孔能降低壁、肋交接处的应力集中有关。

3)混凝土密实度的影响:混凝土砌块在使用过程时,设计者最为关心的性能指标除强度外就是表观密度。砌块的表观密度除与混凝土密实度有关外,与空心率关系极大。砌块的混凝土密实度,几乎与砌块的所有主要性能密切相关,对强度的影响也显而易见。经验数据表明,混凝土密实度提高1%,砌块抗压强度可提高4%左右。砌块生产中,提高混凝土密实度的工艺措施主要有:a. 一次布料振动,即最好一次性将混凝土拌和料分布满模箱,给足料量,保证砌块坯体的密实性。b. 台振机使用二次成型振动,即施加上模头压力振动,将拌和物在模箱内充分振实。成型时,加压是为了加速模箱内拌和物下沉,缩短振动时间,增加混凝土密实性。一般激振力大的成型机,加压值可大一些,反之则小一些,一般为 0. 05 ~ 0. 12MPa。加压值过小,坯体顶面密实度差;加压值过大,会抑制振动作用,振实效果反而不好。

(5)试验因素对砌块抗压强度的影响。

1)压力试验机:由于试验机本身各种特征及质量差异,对强度值试验结果也有影响。质量相同的砌块,在不同试验机上做抗压试验,强度值差异最大可达 26%。

2)偏心率:目前《混凝土砌块和砖试验方法》(GB 1T4111—2013)规定砌块抗压试件采取坐浆法,在实际操作过程中,受人为因素影响往往试件两个受压面并不完全平行,受压由轴心受压变成了小偏心受压,导致实测强度低于实际值。另外,若试验机相对位置未能对正,偏心率产生弯曲力矩,导致应力分布不均匀,使试件一侧压碎,也会影响强度值。

3)砌块试件有裂缝:产品标准规定允许砌块上存在一定数量、长度不长的裂缝。对在成品堆场上取裂缝长度不超过砌块高度的一半砌块,且每个大面上不超过两条裂缝的同批砌块进行对比试验,结果显示,有裂缝砌块抗压强度平均比无裂缝砌块降低 14%。

4)砌块尺寸:目前的砌块抗压强度测试方法中,砌块高度对强度测试值产生影响是明显存在的,但目前国内进行过的研究很少。原材料、生产工艺完全相同,抗压截面积大的块型砌块,其强度值较小,均方差也较小,小块型砌块强度值较大,均方差较大。

5)试验机加荷速度:严格意义上讲,试验方法对加荷速度有明确规定,不应成为影响试件强度的因素。实际上当试验压力机的加荷速度由 1MPa/s 增加到100MPa/s 时,试件强度测量值增加可达 10%。加荷速度在 10^{-2} ~ 10^{-12}

N/(mm² · s)范围内变动时,强度测量值无显著差异,只有速度超过此值,强度测量值才会增长。

4. 混凝土装饰砌块墙体施工中质量控制

目前,建筑中装饰混凝土砌块砌体在工程项目中使用日益增多,但装饰砌块砌体的砌筑质量控制还存在一些不尽如人意之处。现在混凝土砌块正确的砌筑工法并不是很普及,能够了解、合理使用的专业施工队伍、工程监理人员还是满足不了实际需求。而装饰砌块砌筑施工又远远要比普通砌块要求得更高。如何尽量避免装饰墙面在施工中被污染,如何保证灰缝饱满度,如何尽量使砌体不产生收缩开裂等具体问题,往往是施工人员(或施工监理人员)碰到的现实问题。如何保证装饰砌块墙体的施工质量? 控制点在什么地方? 怎样在保证砌筑施工质量的前提下,提升装饰砌块墙体的施工速度? 下面,结合某建材公司多年来供应装饰砌块、在施工工地现场指导和提供技术支持过程中获得的经验和教训,简要论述装饰砌块的施工方法,供读者参考。

(1)装饰砌块墙体的施工前准备。

1)材料与机具准备:在砌筑装饰砌块墙体,除需准备砌筑普通混凝土砌块或轻骨料混凝土砌块墙体所用机具外,主要还必须准备适量的防雨苫布,对刚砌好的墙体、雨后使用的砌块堆垛进行苫盖,防止砌块吸水饱和。另外,以下辅助材料是必备的:防水粉、导水麻绳、φ4 镀锌钢丝网片,φ6 镀锌拉接钢筋、C1.6 窗纱及预埋铁等。切砖机(专用切割机或型材切割机换上合金锯片)、喷水壶、皮数杆、托线板、线坠、小线、橡皮锤、水平尺、灰斗、柳叶铲或桃形铲等施工机具也是必备的随手工具。

2)砌筑样板墙:按习惯性要求,当每一项装饰砌块工程施工前,必须让施工队伍在监理到场的情况下,在现场砌筑一段样板墙。经建设、设计、施工三方确认质量、工法后,再组织正式施工。样板墙应是本项工程中局部的放样,最好包含墙角、洞口、内外节点、过梁窗台,以便尽可能体现出墙体各种节点构造、拉接做法的部位,使之具有指导性。

3)检查砌筑前准备工作:砌筑工人在进入砌筑施工现场时,应在领班带领下与监理一起按施工图要求,在装饰砌块墙体的基础(或梁)上,检查预甩芯柱钢筋的位置是否正确,搭接长度是否满足 45d 要求(宜选择焊接或机械连接)。进行墙基弹线,弹出轴线、墙边线、门窗洞口位置线及标高(五○线)控制线。经有关部门检查验收,并对房屋的放线尺寸进行复核,以满足排块撂底及皮数杆的尺寸要求。根据施工图绘制墙体平面排块图、节点详图和墙身构造图;按照平面排块图进行排块撂底,使砌筑方法合理,符合工法要求。

(2)砌块排块撂底。由墙转角或节点处开始排砌,沿一个方向(按顺时针或逆时针)排块,每块砌块灰缝控制不超过 10mm (设计有特殊要求时除外),遇尺寸不合适的部位可稍加调整或切割,但要控制灰缝在 8~12mm 之间(指匀缝,最小都是8mm 或最大都是 12mm)。注意,相邻墙体的灰缝应尽量保持均匀一致。平面排块图应绘制两皮,即奇数皮和偶数皮,以便了解节点的连接做法及各种块型用量,掌握资源供应及施工定额领料。

开间或墙段尺寸是奇数(以 100mm 为计数单元)时,此墙段内应砌入一块“七分头块”,尽量砌在大墙中间、墙段受力较小部位,或者在门窗洞口上过梁中部位置、窗下墙中间位置,不宜砌在洞口角 60°范围内。

(3)砌筑控制。装饰砌块墙体砌筑施工的工艺流程一般可以归纳为:施工准备→弹线验线→排砖撂底→砌到一步架后划缝(抠缝)→清扫墙的装饰面→对装饰墙面进行防污染包裹→砌一层高芯柱绑扎→芯柱隐蔽验收→芯柱浇筑混凝土→验评→全部砌完污染清洗→工艺防水溜缝→淋墙实验→外墙验收。

1)砌筑工法。

A.首先要立皮数杆:砌墙应立皮数杆,宜用截面为 30mm×50mm 的木方制作,长度适应层高 3m 左右,杆上标明每皮高度、门窗洞口、木砖、拉接筋、过梁、圈梁尺寸的标高位置。对于皮数杆的间距,直墙不宜大于 10m (装饰砌块清水墙不大于7m);在转角、节点均应设置皮数杆。皮杆数应垂直、牢固设立,且标高一致。

B.挂线:装饰砌块砌筑建议用平直“挂线法”控制,砌块外形尺寸比较规整,墙体砌筑用单线控制即可,并随时用水平尺控制大角的挂线砌块,另外随砌随用靠尺控制垂直度。

C.墙体砌筑:先将墙体基础或楼面清扫干净,再洒水湿润,按照弹线位置开始砌筑。采用“反、对、错”三字法砌筑,即反砌、对孔、错缝的方法。反砌:砌块壁厚面朝上。对孔:上下砌块的孔洞对齐。错缝:上一皮灰缝与下一皮的灰缝错开1/2,特殊情况下(有七分头)错开 100mm,并辅以钢筋或网片拉接。

2)砌筑要求:应严格按照《混凝土小型空心砌块建筑技术规程》(JGJ/T 14—2011)第 7.4 节规定。①砂浆。砌筑砂浆要有良好的和易性和工作度,稠度以

60~70mm 为宜,分层度不大于 30mm,保水性要好。要防止水分自砂浆中析出和过分蒸发,应控制使用时间。对已出现泌水的砂浆,应进行重新搅拌,以保障砂浆的塑性。砂浆的细度模量宜为 2.5 左右,砂粒过细,则强度偏低,砂粒过粗,则稠度差,过于松散。表 3-5 是砂浆性能指标要求。最好在砌筑砂浆中掺加防水外加剂,以提高砌筑砂浆(灰缝)的抗渗性能。宜用混凝土砌块专用砌筑砂浆(干拌砂浆),自拌砂浆应参照《混凝土小型空心砌块和混凝土砖砌筑砂浆》(JC 860—2008)的有关规定,先经试验室确定配比。水泥首选矿渣硅酸盐水泥(低碱水泥,有利于控制墙面"泛碱")或普通硅酸盐水泥;砂子宜中砂和细砂各半,过 5mm 孔径筛子,含泥量不超过 5%,并不含其他杂物。掺加粉煤灰、石灰膏、磨细生石灰粉时,要注意生石灰熟化时间不得少于 7d。②砌筑过程中及时清理装饰面的污物。重点防止装饰砌块堆放和砌筑施工过程对装饰面的污染(环境污染及施工污染),砌完一步架清水墙面后,最好使用塑料薄膜包裹装饰墙面,以减少后期清理费用。③装饰砌块墙体的灰缝应做到横平竖直,灰缝的砂浆饱满度不得低于 90%。装饰面墙体有防水要求时,灰缝饱满度应尽量控制到 100% 为宜。砌筑施工时,竖缝两侧砌块均应采用挂"碰头灰"施工法,两灰相碰、上墙挤紧,再加浆将竖缝插捣密实。不得出现瞎缝、透明缝。也不得采用石子、木楔塞嵌灰缝。这点与普通砌块、轻骨料填充砌块砌筑完全不同。④日砌高度:宜慢不宜快,日砌高度控制在 1.4m 以内。规定日砌高度有利于砌体尽快形成强度,使其稳定;有利于减少砌块墙体收缩变形。这点装饰砌块墙体更有必要。当超过规定高度时,遇风雨天气,应对其进行抗倾覆"稳定性"验算及必要的支护措施。抗倾覆验算计算公式:

$$h = vt^2/kq$$

式中,h 为日砌高度;v 为砌体重量(kN/m^3);t 为墙体(柱)厚度(mm);q 为风荷载(kN/m^2);七级风取 0.3kN,八级风取 0.4kN,九级风取 0.6kN;k 为安全系数。其值按下列规定取:当 $t=190~240$,$k=1.12$;当 $t=300$ 时,$k=1.29$;当 $t=370$ 时;$k=1.41$;当 $t=490$ 时,$k=1.49$。⑤压缝(划缝)和勾缝。砌筑时应设专人对装饰砌块外墙面进行压缝,在砌筑砂浆中水泥没有终凝前,应基本做到随砌随划缝,以保证灰缝中砂浆的密实度。划缝的深度要均匀地留出 8~10mm 的余量,待建筑主体完工,再用防水砂浆对所有灰缝进行二次勾缝、压实。二次勾缝所用防水砂浆,可根据建筑师要求掺加颜料,调制成所需的彩色砂浆。

表 3-5 砂浆性能指标要求

砂浆性能指标		砌筑砂浆	抹灰砂浆
细度		4.75mm 筛全过	3.0mm 筛全过
保水率 （%）	高保水	≥88	≥88
	中保水	≥70	≥70
	低保水	≥60	≥60
抗压强度		≥其强度等级	
拉伸黏结强度		≥0.20	
冻融强度损失		≤25	
收缩性能		≤0.15	

（4）施工质量的控制。

施工和监理单位均应针对具体装饰砌块墙体工程，提前制定砌筑施工质量控制方案，并责任到人。重点控制墙体开裂、砌筑装饰面污染及外墙面渗（漏）水等问题。

1）责任落实到人。

A.指定专人负责切割砌块。对不合模数的砌块、线盒、暗马牙槎切口、清扫口块等由专人进行切割。应根据工地砌筑班组的多少（砌筑工作量），安排切割人数，一般工程需用一或两台切割机。安排专人切割有利于尺寸统一、集中加工，可随时搬用，以免耽搁。切割砌块最好采用干法作业，减少砌块污染；如果采用湿切，应用毛刷随切随洗，砌块晾干后方可砌筑上墙使用。

B.指定专人清理墙体需浇筑芯柱混凝土的孔洞内的"舌头灰"（富余砂浆）。根据砌筑规模大小安排人数，清理墙体芯柱孔内的舌头灰，应在砌筑高度为一步架时清理一次。方法可以用圆钢筋或用一根钢筋端头焊有扁铁的工具，清理孔内砂浆，然后从墙体根部"清扫口"内掏清落地灰。清理芯柱孔内的"舌头灰"，有利于保证芯柱竖向贯通芯柱混凝土截面积，达到规范要求。

C.控制灰缝饱满度需由专人对外墙灰缝进行监督。装饰砌块清水外墙的"碰头灰"饱满度难以由砌筑工人自觉控制，故应设专人在外墙流动观察、提示操作者，并负责在不饱满灰缝处随时塞嵌砂浆，并进行墙面污染清理，从而达到理想的墙体清水外观，避免以后外墙渗漏。

2）质量控制要点。

A.控制潮湿砌块、壁肋中有竖向裂缝的砌块、缺棱掉角大于5mm的砌块,以及色差明显的装饰砌块上墙砌筑。严格控制砌块上墙时的相对含水率不得大于35%。

B.控制碰头灰。能够保障块材之间的黏结强度,有利于增加墙体整体性,也利于二次勾缝饱满密实,更重要的是能够杜绝外墙的渗漏。

C.芯柱孔内多余砂浆及杂物必须清理干净;进行钢筋绑扎、并做隐检后,封堵清扫口与绑扎口。按照《规程》要求浇筑芯柱细石混凝土,并使钢筋居中。

D.“暗马牙槎”内外墙芯柱连接如图3-1所示,当内外墙不能同时砌筑、内外墙砌块高度不一致,或分段施工需要留施工缝时,在内外交接处设置“暗马牙槎”（暗柱连接）,外观为通缝,内为芯柱连接。应注意连接处砌块切口上下通直,宽度不小于甩出上层的搭接倍数100mm,保证混凝土连接灌入量大于砌块咬砌时的搭接量。“暗马牙槎”内的芯柱钢筋应先绑扎成型,使内外主筋有辅助筋连接,形成梯状。

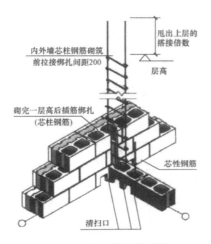

图3-1　内外墙芯柱连接

E.芯柱施工是保证墙体整体性和结构性能的质量关键点,但却又是一个无法目测控制质量的隐蔽工程。而装饰砌块墙体为保证墙体的装饰效果,基本上不设置构造柱（梁）,只能采用芯柱。因此,芯柱施工质量的好坏,是影响装饰砌块墙体结构性能的核心控制点。

芯柱设置应有设计确定或参照《混凝土小型空心砌块建筑技术规程》(JGJ/T

14—2004)中的第6.3.4条、6.3.5条的有关规定。一般情况下芯柱设置为:墙转角3根,丁字墙4根,十字墙5根,门窗洞口两侧1根,墙体内不大于2m设1根。芯柱混凝土必须采用高流动性细石混凝土,坍落度为200～250mm,骨料直径不大于15mm。宜根据《混凝土砌块(砖)砌体用灌孔混凝土》(JC 861—2008)进行配制。芯柱施工要认真执行JGJ/T 14—2004中"7.5节芯柱施工"中各条有关规定。砌筑每片墙的第一皮块时,芯柱部位设开口砌块(清扫口),而第三皮砌块设置纵向钢筋绑扎口(固定钢筋位置),上下垂直对应。芯柱内插筋后应全部检查,保证每根钢筋绑扎点不少于两点。做好隐蔽处的验收记录,待砌体砌筑砂浆强度大于1MPa后即可浇筑芯柱混凝土。浇筑芯柱混凝土之前,应对每个芯柱位置的灌入量进行初步计算,并设专人监督检查混凝土注入量,确保每个芯柱内混凝土饱满、贯通。芯柱浇筑混凝土,可以洒水湿润,先浇入50～100mm厚同强度等级砂浆,然后分步浇筑细石混凝土,并用钢筋插捣或小径振捣棒适量振捣。在有圈梁处,浇筑芯柱混凝土应比墙体低50mm,以作为浇筑圈梁混凝土的榫接。

F.墙体拉接控制具体要求。①网片拉接:由于砌块壁薄、空心率大,砌体的抗裂性差,故《规范》要求砌体中应放置φ4mm镀锌网片,竖向间距400mm通长设置,搭接长度为200mm,遇洞口断开。网片埋置于灰缝中。但要保证划缝(抠缝)后的网片不得裸露。②钢筋拉接:梁、板、柱及抗震节点采用钢筋拉接,要求植筋或预甩拉接筋,长度一致,便于同辅助钢筋焊接或绑扎。图3-2为钢筋拉接示意图。

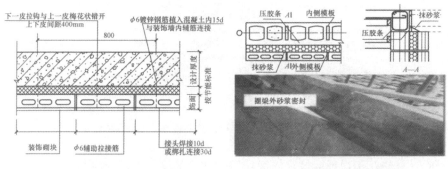

图3-2　钢筋拉链示意图　　　　　图3-3　模板密封

G.污染防治措施:要特别注意施工对装饰墙面的污染,以减少或杜绝砌筑完工和工程完工时对装饰墙面的清洗工作量。施工中要注意搬运及砌筑操作,砌块装饰面的砌筑砂浆要饱满,要防止浇筑芯柱混凝土时灰缝漏浆。可以利用护、包、盖等措施,对装饰砌块墙体进行保护,墙面包裹塑料薄膜,梁板处用密封胶带、压胶条及模板外砂浆抹缝等措施,如图 3-3 所示。

在装饰砌块墙面上钻空调孔,是一个容易造成墙面污染的不利因素。砌筑时应根据空调洞设计标高预留空调眼,砌筑前用水钻在砌块中间钻 $\phi60\sim\phi80$mm 的孔径。内插同径 PVC 套管,待砌墙时按照排块图的位置安装就位。即尽量不要在装饰砌块墙体砌筑完成后再钻空调洞。若实际工程中漏砌钻孔砌块,则可在砌完墙体后另行钻孔,应由内墙向外墙(装饰面)方向钻孔,在钻头上用红笔或红漆做长度标记,待几乎钻透时,应停止供水采用干钻。

装饰墙面的污染清洗。使用砂浆清洗剂或使用 1∶30(酸比水)的草(盐)酸自制溶液,充分搅拌均匀后用喷壶或喷雾器喷洗墙面。每组安排两人进行清洗,一人喷酸,另一人用水管冲洗(水应有足够的压力)。在清洗墙面的过程中,应分层次进行清洗,先洗局部污染严重的地方,再洗污染一般的地方(也就是说,污染严重部位先清洗一遍,第二遍同污染一般的一块清洗,第三遍是污染严重部位、一般部位及轻微的部位一块清洗)。注意:每次喷射清洗面积不要太大(1m² 左右),每遍清洗速度要快,快喷酸水,接着快冲清水,重复逐次进行。如果喷酸水与喷清水之间停顿时间,混凝土装饰面层将会有不同程度的变色现象。

H. 装饰外墙面防水性的质量控制。除要做好外墙灰缝的勾缝外,待墙面污染清洗完毕后,对宽度小于要求的灰缝进行拉线(弹线),用云石机修缝,然后进行检查,使缝宽均匀、灰缝平直、深度为 $8\sim10$mm。修补砂浆的原材料选用细砂与低碱水泥。勾缝必须是干硬的砂浆,并提前对墙面进行喷水湿润,待墙面风干表面无明水后即可勾缝。采用砌块勾缝剂(选择低碱型)或自拌砂浆,配合比为 1∶1∶0.04(水泥∶细砂∶防水粉),可勾不同颜色,勾成圆弧缝。建议:负责勾缝的工人可在较隐蔽处先做样板,进行操作训练。灰缝要求光洁密实、线条通顺,凹进 $2\sim4$mm。做到逐个一步架的检查验收,严禁出现漏勾或勾缝砂浆出现收缩裂缝。要重点控制门窗洞口两侧的墙面溜缝密实,做好框边密封。不得使用遇水软化及收缩裂缝的密封膏。防止砌体与门窗框连接处裂缝。注意外墙设施及各种孔槽洞的细部溜缝。平屋顶的女儿墙收口,应做混凝土压顶及内外出小檐,否则防水卷材应卷至女儿墙顶部外边沿。

(5)成品保护措施。这里所指成品包括未砌筑上墙的装饰混凝土砌块和辅助材料、砌筑完工的装饰砌块墙体。

措施如下：①装饰砌块在砌筑上墙前应尽量减少二次搬运；必须对装卸、搬运加以保护，杜绝抛掷、磕碰；防止砌块断裂、损坏棱角及饰面污染。②在搭、拆脚手架和砌筑过程中，不得碰撞已砌墙体和门窗边角；上料口及主要出入口的墙面角，应设置包裹及护角。脚手架与墙体分离，独立搭设。装饰砌块砌体不应留设脚手架孔，外架可在窗口处与内架连接或设锚件于楼板内拉接。③镀锌钢丝网片不得踩倒、折弯。④在大风或下雨天，应及时对短时间内砌筑的墙体进行苫盖，避免雨淋，防止砌体吸水饱和及砂浆流失。⑤在墙垛、大角处，要有防止碰撞损坏的措施；线盒必须包堵牢固，或用砂浆塞嵌及细石混凝土浇筑。当遗漏或未预留时，应采取定形切割措施，不可剔凿而损坏砌体的工艺性、完整性。

(6)淋墙试验方法。对装饰砌块砌体装饰面进行淋墙试验，目的就是检查墙体的整体防水性能，将发现的问题解决在施工阶段。墙体的淋墙试验应有方案，一般在装饰外墙面溜缝完成后进行；需由建设、施工、监理三方共同参与，并做好试验记录。

1)淋墙用的设备装置：根据建筑物高度选择水泵的扬程，应有足够的水压满足水管各孔的流量，根据墙长选用水管直径，一般 $\phi25\sim\phi40mm$。在选定的实验装饰外墙顶部安装淋水管(塑料管)，一端接高压水管，一端堵死，在管面上顺直线方向扎孔，孔距 50~100mm。以 45°向墙面喷水淋墙。

2)淋水的水压不应低于 0.3MPa，淋水试验时应使水流自墙面顶部均匀下流，如挂水帘；淋水时间不少于 40~60min。淋墙后在内墙面检查墙体的渗水情况，以无渗水点为合格目标，并按有关规定判定砌体质量。建议在砌体施工完成、勾装饰灰缝之前，施工方先进行非正式淋墙自检试验。若发现砌体有渗漏点，则应在勾缝时查找、修补处理。

综上所述，装饰混凝土砌块清水墙建筑外饰面，具有建筑立面新颖、使用效果好、施工快、综合费用低等特点，并且没有后期维护费用，完全符合低碳、节能的可持续发展目标。装饰混凝土砌块清水墙体的施工难度要远大于烧结砖和普通(或轻骨料)混凝土砌块墙体，但只要完善设计施工技术标准体系，并能严格执行，装饰混凝土砌块建筑的质量是可以保证的。砌块建筑的质量控制，应首先重视砌筑施工工法，将其作为重点，才能保证砌块建筑质量，进一步推广发展砌块建筑。

根据应用中遇到的实际问题，主管部门有必要制定装饰混凝土砌块清水墙施工法，以便施工操作、监理掌握装饰砌块的特殊性和进行正确的砌筑施工，确保安全使用和质量耐久。

5.砖混结构房屋墙体裂缝及常规处理

砖混结构房屋在中小城市普遍存在,特别是一些棚户区改造工程,几乎全部是砖混结构形式的建筑。而砖混结构房屋墙体裂缝是一种经常出现的质量问题,墙体裂缝的出现,轻微的会影响房屋的美观,造成房屋渗水漏水,严重的甚至会影响建筑物的结构安全。近年来一些涉及砖混结构墙体工程的裂缝质量问题比较多。下面就该问题的产生及预防和处理进行探讨。

(1)常出现墙体裂缝的种类。

1)斜向裂缝:在20世纪90年代以前,绝大多数的建筑物及目前大量棚户区工程,多数为平屋顶多层砖混建筑结构,这类建筑中的墙体裂缝大部分集中在建筑物顶层纵墙的两端,一般在一或两个开间的范围内出现,严重者会发展至房屋两端1/3纵长范围内,且沿建筑物两端大、中间小。还有一种斜裂缝在建筑物底层发展,有的是单侧方向,有的是对称形成八字形,裂缝存在下宽上窄、向上发展的特点。

2)垂直裂缝:又称竖向裂缝,主要有墙体转角接茬部位、底层窗台下部墙的垂直上下方向的裂缝、过梁端部的垂直裂缝、建筑剖面上有错层的墙体裂缝等几种类型。

3)水平裂缝:最常见的出现在女儿墙的根部,有时发生在屋面板与女儿墙交接处,有时出现在顶层圈梁下100mm左右。屋面不在同一高度或错层时,常会出现这种裂缝。

4)女儿墙裂缝:采用砖砌女儿墙时,不论女儿墙高低长短,在转角处均会出现裂缝。若女儿墙较长时,还会在其他地方出现裂缝,女儿墙裂缝的出现会导致防水层的破坏,影响建筑物的使用。

5)混合裂缝:有时斜向裂缝和水平裂缝会同时出现,形成一种混合裂缝;也可能出现两个斜向裂缝交叉出现形成X形裂缝,不过这种裂缝出现的概率相对较小。

(2)混合墙体出现裂缝的原因。

1)温差变形引起的墙体裂缝。这是最常见的一种墙体裂缝。北方广大地区寒冷,具有昼夜温差大、不同季节温度变化大、冬季室内外温差大的特点。由于一般材料均有热胀冷缩的性质,房屋结构由于周围温度变化引起热胀冷缩变形。钢筋混凝土屋面板和墙体材料是两种性能不同的材料,钢筋混凝土的线膨胀系数约为

$10×10^{-6}$，而砌体墙的线膨胀系数约为 $5×10^{-6}$。由温度应力引起结构的伸缩值可由下式计算：

$$\Delta L = \Delta t × \alpha × L \tag{3-4}$$

式中　ΔL——相应材料的伸缩值；

　　　Δt——温差；

　　　α——材料线膨胀系数；

　　　L——结构长度。

例如，克拉玛依市在各个季节中，昼夜温差变化大，如夏秋季节最大温差可以达到30℃左右，这样造成屋面混凝土楼板与墙体产生较大的温差；而在冬季室外最低可达到−30℃以下，室内外温度差则在50℃左右。加之在相同温差下，钢筋混凝土结构的伸长值要比砖砌体墙大一倍左右，所以在混合结构中，当温度变化大时，钢筋混凝土屋盖、楼盖、圈梁与邻接的砖墙变形不一致，存在着较大的温度变形差，这种变形差的分布特点是中部小、两端大。故材料不同、结构变形量不一致，必然生产温度应力，这种温度应力的作用使房屋结构薄弱处开裂破坏。

2) 地基沉降不均匀引起的墙体裂缝。一是由于工程地质勘查不详细或对房屋的地基持力层在现场勘查过程中，没有及时发现杂填土、软弱土层、淤泥夹层、沉井、煤矿的采空区等，二是在施工过程中遇到基础没有坐落在设计要求的持力层，或者存在持力层不均匀等因素。因此在房屋建成后都会出现程度不同的地基沉降。如果地基沉降不均匀，在墙体中产生剪力和拉力，当这种附加内力超过墙体本身的抗拉、抗剪强度时，就会产生裂缝，且这些裂缝会随着地基的不均匀沉降的增大而增大，一般形成斜向裂缝。这种裂缝一般出现在建筑物下部，由下往上发展，呈"八"字形、倒"八"字形、单侧斜向及竖向裂缝等特征例如，某排架厂房工程由于地基不均匀沉降，造成该厂房外围护砖墙中间部位产生八字形，临近山墙部位产生斜裂缝。当长条形的建筑物中部沉降过大时，则在房屋两端由下往上形成正八字形裂缝，且首先在窗对角突破；反之，当两端沉降过大，则形成的两端由下往上的倒八字形裂缝，也首先在窗对角突破，还可在底层中部窗台处突破形成由上至下竖缝；当某一端下沉过大时，则在某端形成沉降端高的斜裂缝；当纵横墙交点处沉降过大时，则在窗台下角形成上宽下窄的竖缝，有时还有沿窗台下角的水平缝；当外纵墙凹凸设计时，由于一侧的不均匀沉降，还可导致在此处产生水平推力而组成力偶，从而导致此交接处的竖向裂缝。

3)屋面女儿墙漏水冻胀引起的墙体裂缝。当气温降到0℃以下时,屋面排水不利、渗漏、女儿墙压顶开裂出现渗漏等因素,致使砌体含有的水分因受冻膨胀而引起墙体裂缝。

4)因房屋结构引起的裂缝。因房屋结构原因引起的裂缝主要有这些情形。①结构设计存在不足或错误。由于计算结构荷载时有遗漏、构造不合理,造成结构本身不合理,从而引起墙体裂缝。②砌体施工质量低劣。墙体砌筑时灰缝不饱满、砌体接槎不良、留槎位置不正确、干砖上墙造成砌体砂浆强度不足、组砌混乱等都会降低砌体承载能力,使墙体出现裂缝。③墙体整体性被削弱。在实际生活中经常因为在房屋建成后,埋设各种管线穿过墙体,破坏墙体整体性,减少墙体截面面积,削弱墙体承载力,从而引起墙体出现裂缝。④改变房屋用途、加大使用荷载或增加动荷载,也会使墙体受到破坏,引起墙体裂缝。

5)粉煤灰烧结砖,包括其他材料的烧结制品,其干缩变形很小,且变形完成比较快。一般不需考虑砌体本身的干缩变形引起的附加应力。但对这类砌体在潮湿情况下会产生较大的湿胀,而且这种湿胀是不可逆的变形。据有关资料显示,干缩变形的特征是早期发展比较快,如砌块出窑后放置28d能完成50%左右的干缩变形,以后逐步变慢,几年后材料才能停止干缩。但是干缩后的材料受湿后仍会发生膨胀,脱水后材料会再次发生干缩变形,但其干缩率有所减小,约为第一次的80%。这类干缩变形引起的裂缝在建筑上分布广、数量多,裂缝的程度也比较严重,如在建筑底部一或二层窗台边出现的斜裂缝或竖向裂缝;在屋顶圈梁下出现的水平缝;在大片墙面上出现的底部重、上部较轻的竖向裂缝。另外不同材料和构件的差异变形也会导致墙体开裂。

(3)墙体裂缝的对策。针对墙体裂缝产生的不同原因,宜分情况采取不同的应对措施。应对温差裂缝的主要措施如下。

1)设置温度伸缩缝:这是防止墙体竖向裂缝的主要措施,因为各伸缩单元中的温度应力和收缩应力要小得多。按照设计规范,建筑物总长大于50m时,应设伸缩缝。伸缩缝应设置于因温度变化和材料干缩可能引起应力集中且墙体开裂可能性大的区域。对于现浇钢筋混凝土屋面而言,应在每个单元墙位置留置施工缝20~30mm中间夹发泡苯板。屋面现浇混凝土楼板可分段浇筑,先浇筑两边,留好施工带,过一段时间后再浇筑中间,这样可避免混凝土收缩及两种材料的温度系数不同而引起的裂缝。同时还应采取现浇混凝土楼板在单元墙上设置伸缩缝,以减少温度应力产生的结构变形。

2)屋面上设置隔热层或保温层,并且在做屋面保温层时最好避开高温季节。一般屋面板受阳光辐射吸收热量较多,增设空气隔热层或选用导热系数小、保温性能优良的材料做保温层,能有效控制屋面板的升温。通常采用内隔热和外隔热两种方式相结合的方法,可减少温差10℃以上,屋面板温度降低后,它与墙体的温差可大大减小,能有效防止顶层墙体产生裂缝。

(3)目前普遍做法是在砖混结构建筑顶层设计时采取两侧山墙开间,伸缩缝位置开间洞口增设钢筋混凝土的抗裂柱,并改进挑檐设计,在钢筋混凝土挑檐表面设置保温、隔热层,现浇挑檐每隔12m左右设一道伸缩缝。不均匀沉降的控制手段:加强工程地质勘查工作,严格控制施工工序、工艺,做好施工过程控制,严把验收关。加强工程地质勘查必须做到勘探布井规范,勘探数据要准确翔实,验槽认真不走过场。施工要严格按设计施工,确保挖方到位,持力层准确无误。如遇地基处理要严格按方案执行,不得盲目施工、草率处理。屋面渗漏造成女儿墙裂缝的主要控制手段是严格控制屋面防水施工质量,以及严格控制屋面泛水节点、女儿墙压顶节点等细部的施工质量。针对房屋结构存在的裂缝主要是控制墙体施工质量,首先严格控制粘灰率必须达到80%以上,其次控制砌体立缝的砂浆饱满度,这也是经常忽略的问题,再次要严格控制洞口过梁安装的坐浆,最后要严格控制每个工作台班砌体砌筑高度,严禁超高砌筑。

综上所述,建筑砖混结构墙体裂缝,是在实际工作中经常发生的工程质量问题。对于已经出现的墙体裂缝,首先要认真调查,分析裂缝产生的原因,制订相应的处理措施,对于温度裂缝、干缩裂缝等一般不影响房屋使用安全的,裂缝一般可采取注胶封闭方法解决;对于地基沉降裂缝等可能危及房屋结构安全的,必须查清原因,及时采取适当的加固处理,确保建筑结构的稳定安全和耐久性。

6.建筑外墙的质量与渗漏预防控制

目前,建筑外墙属于主体结构,使用多种砌块砌筑,而外表面的装饰施工工艺和材料又多种多样,尤其是各种幕墙、各种新型窗得到使用。它具有施工简便,色彩丰富、柔和、线条流畅、清晰,可创造多重质感效果,便于维修更新等特点。但如果操作不当,或者对其使用性能不甚了解或基层处理不好,不仅会影响外墙质量和美观,更为严重的还会引起外墙渗漏。房屋建筑工程外墙渗漏是一个比较普遍的现象,也是建筑工程中主要质量通病之一,房屋的渗漏会影响人们的正常生活,给人们造成财产损失和精神负担,也给物业管理和专业维修带来麻烦。根据多年的工程实践,就此问题提出一些控制措施,供同行参考与更深入探讨。

(1)外墙渗漏的表现形式。引起房屋工程外墙渗漏的原因很多,有设计考虑不周、选材不当、施工工艺不规范、细部做法不认真、交付使用后维修不当、自然环境条件的影响等因素,具体有以下几方面问题:①外墙的预留孔密封不密实;②外墙粉饰层龟裂;③外墙面砖基层清理不彻底,粘贴砂浆不饱满,墙体与面砖之间形成积水或透水;④铝合金或塑钢窗的制作安装不规范;⑤外墙雨水落水管设计及维护问题;⑥基础不均匀沉降引起墙体开裂;⑦房屋在二次装修阶段,乱打滥拆改变结构,引起墙体开裂;⑧房屋顶面外墙温度裂缝;⑨选材不当及幕墙封闭不严造成渗漏等。

(2)外墙渗漏的原因分析。

1)外墙架杆或拔钩眼封堵不符合要求,穿墙钢筋或铁丝也是外墙漏水的隐患。预留的穿墙铁丝或钢筋在支模板时往往容易松动,在外墙形成贯通的洞眼,在做外墙基层处理时一般不做特殊封堵,导致该部位漏水。固定雨落水管的膨胀螺钉也是漏水的易发部位。

2)现在的建筑节能要求达到50%~65%,采用的外墙外保温体系,多采用点粘法进行施工,在保温层和砌筑墙体间形成空腔体系,苯板之间有缝隙,水极易进入造成渗漏,这也是外墙渗漏的原因之一。对于外墙保温采用钢丝网架聚苯板机械固定的保温体系,在固定保温板时,预留在外墙的钢筋固定点或膨胀螺钉固定点也是引起外墙漏水的主要原因。

3)外墙砌筑的施工质量控制不当。在施工操作中未严格按施工规范操作,砂浆砌筑不饱满,特别是竖向灰缝不饱满,产生瞎缝或透缝。此外,干砖上墙,砂浆中的水分被吸收,造成砂浆的强度降低,灰缝砂浆产生裂缝造成渗漏;外墙饰面基层一次抹灰过厚或外墙垂直度偏差过大,使局部抹灰过厚,又未采取适当的措施而产生基层裂缝,造成空鼓、龟裂;外墙大面积抹灰,而基层未设置分割缝。

4)框架结构轻质墙砌体缝隙引起渗漏。起填充作用而非承重作用的外墙加气混凝土砖的温度膨胀系数比混凝土框架梁柱小,所以经过冬夏交替或强烈太阳光照射及突然下雨的温度变化,轻质砖与混凝土框架梁柱之间必然会出现裂缝,同时轻质砖本身还有收缩变形大、吸水量大、表面强度低及易起粉等对防水不利的缺点。

5)外墙装饰施工不良引起渗漏。外墙抹灰分格缝不交圈、不平直或砂浆残渣未清理,使雨水积聚在分格缝内,分格条嵌入过深,使分格缝底部抹灰厚度不够,雨水渗入墙内;饰面砖之间勾缝不认真或砂浆强度等级低,形成毛细孔而出现渗漏。

6)门窗洞口周边封堵不严引起渗漏。目前,建筑物大多数门窗采用铝合金、塑钢制成,因温度变化引起墙洞与窗框界面之间产生裂缝,由于未用密封材料或封堵不严,以及密封材料质量低劣而导致渗漏。

7)细部构造设计不当或施工不规范引起渗漏。由于市场的需求,建筑的外形趋于复杂化,外立面增加了很多突出造型和线条,且由于建筑节点的设计和构造措施不合理,造成外墙渗漏节点较多,这也是产生外墙渗漏的原因。外墙许多构件中,容易造成渗漏,如挑檐、雨篷、阳台及凸出墙外的装饰线等,这些构件如未做滴水线或做得不标准,会造成水沿外墙流淌。

8)交付使用后,业主在外墙上随意钻设空调管孔、排烟孔、太阳能热水器管孔,安装空调支架等破坏外墙防水体系且未封堵严,造成渗漏。

(3)外墙渗漏的预防与处理。

1)外墙预留孔密封不良引起渗漏的预防与处理:①通过改进施工工艺,尽量减少外墙操作洞孔的留置数量;②在清除操作洞孔内的杂物和浇水湿润后,用水泥砂浆及砖块对外墙孔进行认真填塞,确保填塞密实;③对外墙架眼或拔钩眼特别是预留穿墙钢筋或铁丝要重点进行封堵,使用添加膨胀剂的细石混凝土分次进行填塞,有必要的话进行防水处理;对较小的穿墙眼要先剔凿,便于填塞混凝土,也可用发泡胶进行处理;④严格落实检查制度,在对工程主体结构进行检查时,要对外墙填塞不规范、不密实的洞孔坚决返工。

2)预防与处理屋面雨落水管引起的外墙渗漏。

A.房屋建筑工程设计时,建议一般房屋工程不要把雨落水管设在柱或墙内,若确实需要,应用镀锌钢管埋设,特别是接头要严密,并需进行灌水试验。

B.外墙雨落水管在使用过程中,应保持雨落水管完好和畅通,损坏应及时修理,以免长时间在外墙面流水而造成渗漏。对于固定雨落水管的膨胀螺钉,在安装前先向钻孔内注入密封胶,再固定膨胀螺钉,固定后再次用密封胶对螺钉周围进行密封处理。

3)窗台和铝合金或塑钢窗框安装不规范引起渗漏的预防与处理。

A.窗台质量问题。工程渗漏是窗台设置不当造成的,针对窗台坡度较小,填充硅胶老化、脱落等原因,所采取的措施:将硅胶沿窗台小圆弧的顺直方向抹压,部分胶透过窗下框把小圆环处预留的缝隙挤满,以确保窗与洞口墙体的连接为柔弹性连接,外部用胶封闭。

B. 窗框处理措施。首先把好材料关,尤其是要把好铝型材和氧化膜的厚度关。其次把好下料制作关,下料尺寸的误差要严格控制在允许偏差范围之内,使得成型后的窗框接缝严密、整体方正。再次,做好下框出水口,把好施工质量关。严格控制窗口预留洞口尺寸,内外打胶到位、密实、顺直。最后把好质量验收关,在对门窗工程进行验收时,采取淋水试验方法以检查其抗渗性能及窗下框流水畅通和积水情况。

4)镶贴外墙面砖造成渗漏的预防与处理。

A. 对进入现场的外墙面砖严格按规范抽样进行复试,复试不合格的面砖不得用到工程上。对面砖进行逐块挑选,将有外观缺陷的面砖(如开裂、缺角等)剔除。

B. 严格按照面砖铺贴程序施工。当使用块材的面积较小时,可使用一底一中一面的方法,即一底为刮底糙,一中为抹中层灰,一面为批灰铺贴面砖;当使用块材的面积较大时,可使用一底两中一面的方法。

C. 基层清理。清扫墙面,使砌体灰缝凹进墙面10mm,用1:3水泥砂浆修补空头缝,以增加与打底灰浆的结合力。

D. 在施工前1d,对墙面均匀浇水,清除灰尘并使墙面吸收一定的水分,然后抹1:3水泥砂浆,厚度为5~7mm,用铁抹子压实划毛。

E. 抹中层灰。应先在底糙上抹掺5%防水粉的1:3水泥砂浆,厚度为5~7mm,用木楔压浆打平密实,用刮尺刮平。

F. 按有关规范标准和设计要求对墙面进行检查,符合要求后方可粘贴面砖。

G. 粘贴面砖。先将面砖在清洁水内浸泡2h,然后取出晾干,使用时达到外干内湿,待中层灰达到一定强度后,可粘贴面砖。要确定粘贴面砖所用的粘贴材料的配合比,即水泥:砂子=1:1,水泥:胶水:水=10:0.5:2.6;同时要控制使用时间,做到随拌随用,粘贴时要注意砂浆饱满度,保证粘贴牢固,无空鼓。

H. 勾缝。清除粘贴在面砖缝内的残浆,洒水润湿,然后用1:1水泥砂浆勾缝,勾缝要凹进面砖1mm,勾缝砂浆应填嵌密实,接槎处要平整,不留孔隙和接槎缝。

I. 清理墙面。使用洁净棉纱,揩擦干净,不留污垢。

J. 加强养护。抹各层灰和贴面砖后,对每层均要进行养护。

5)外墙抹灰层龟裂引起渗漏的预防与处理。

A.防止外墙分格条引起渗漏。在镶嵌外墙分格条时,要带浆均匀、饱满、镶嵌牢固、密实。

B.防止外墙面龟裂引起渗漏。在外墙抹灰前,基体表面的油污、灰尘等应清除干净;对凹凸不平的墙体应用水泥砂浆找平,对光滑的混凝土墙面应凿毛;提前1~2d浇水润湿,润湿深度为5~10mm。对外墙抹灰应分层进行,各抹灰层厚度不得大于10mm;待每层抹灰终凝后,方可进行下一层抹灰。外墙抹灰砂浆宜用普通硅酸盐水泥或矿渣水泥;黄砂用中砂或粗砂;石灰应用经充分熟化的石灰膏。整个抹灰施工应尽可能避开高温(温度高于30℃)和低温(温度低于5℃)的季节;每层抹灰终凝后,要洒水养护3~5d。

C.防止抹灰外掺料引起的渗漏。①由于微沫剂性能受掺量、配置方法、环境温度等因素的影响较大,因此要求在外墙粉刷砂浆中不使用微沫剂。②对引起渗漏的各种裂缝及时修补,防止裂缝进一步扩展。采取的措施:细缝注结构胶,较粗缝用水玻璃拌R42.5水泥挤密缝隙。③严格控制施工程序,加强过程的监督和检查。施工技术人员要对工人进行技术交底,同时加强抽查和复查力度,严禁干砖上墙,严格控制砂浆配合比及和易性,保证砂浆的饱满度,水平缝要满铺砂浆,同时以挤砌的方法来保证。竖缝不饱满处应用抹子仔细补喂灰浆的方法保证。

D.处理措施是找平抹灰施工前,对外墙施工中留下的孔洞、框架填充墙的顶部、空心砖外墙的竖缝,首先进行堵洞和勾缝,并作为一道工序进行检查验收,验收合格后才予以抹灰。找平抹灰施工时,应分层抹灰,两层找平的操作间隔宜控制在24h以内。面砖施工前,要求墙体基面和面砖均先润湿且阴干。外墙面砖勾缝时,要先清理勾缝内的疙瘩并用水润湿,勾缝砂浆宜稠一些,使用专用勾缝聚合物水泥砂浆,保证缝隙内料浆密实饱满,缝面平整光滑,无砂眼及裂缝。勾缝后要及时淋水养护。

由于填充墙受温度变化影响较大,墙体与梁底和柱边等不同建筑材料接触界面由于温度应变不同易造成裂缝,所以在抹灰前应按规范要求加上钢丝网片,再用水泥砂浆分层压,并且注意养护,然后再进行面层施工,可有效防止裂缝的产生,达到减少墙体渗漏的目的。

E.在施工时要求内窗台要高于外窗台1.5cm左右,外窗台向外坡度应不小于20%;窗框周边应提位勾缝打胶,窗塞口要紧密,使用优质的发泡胶和密封胶,在打胶时要清除固定窗框的木塞或垫块;窗洞上方须做滴水线槽(深度和宽度均不应小于10mm)或鹰嘴。

F.由于外墙保温引起渗漏的预防与处理:对于有保温要求的外墙在做保温前,除严格按照外墙防水粉刷要求外,一定要做外墙淋水实验,严格把关,对淋水实验发现的渗漏部位彻底处理完毕后,要再次做外墙淋水实验直到没有渗漏点为止。

(4)二次装修造成渗漏的预防与处理。

1)房屋工程在设计时,可以考虑在外墙预留孔洞(如空调管孔、排烟孔、太阳能热水器管孔等),减少用户在装修时对外墙的损坏。

2)房屋工程交付使用后,建设单位应加强与用户的联系,若住房有物业管理的,物业管理部门要对住房的装饰装修进行管理,要引导用户在进行装修前,委托有资质的建筑装饰单位进行合理的设计和专业队伍的精心施工。

(5)温度造成渗漏的预防与处理。房屋顶层外墙裂缝一般产生在顶层两端外纵墙窗边,为八字缝,大多数只裂一个端开间,少数裂两个开间;屋面圈梁下一至二皮砖有水平缝,外墙转角处有包角缝,少数下一层外墙的圈梁上下有水平缝。造成外墙温度裂缝的原因是屋面、圈梁和檐沟的混凝土与砖墙的不同线膨胀系数,前者为后者的两倍。只有在采取有效的隔热、保温和设反射层的前提下,才能有效地减小、分散和消除温度裂缝,应采取的措施如下。

1)采用有效的保温隔热层,设置反射层。采用保温性能好的材料,并根据当地情况确定保温层的厚度。平屋面及檐沟黑色防水层表面采用粘贴铝箔,涂刷银粉涂料等反射层。

2)两端第一开间的室内平面布置,应有良好的穿堂风。

3)对温度裂缝经常发生的地方,在墙身两侧布钢丝网或塑料网,然后用水泥砂浆或混合砂浆打底,再抹面层。

(6)从设计着手预防外墙渗漏。

1)重视细部大样构造设计,如窗台坡度、鹰嘴、滴水槽、穿墙管、外墙预埋管件、门窗与墙体间的接缝等。在设计中重视外墙立面的防水要求及功能设定。

2)在房屋工程设计时,充分考虑在外墙预留孔洞(如空调管孔、排烟孔、太阳能热水器管孔等),减少业主在装修时对外墙的损坏;交付业主使用后,物业管理部门要加强对住房的装修管理,告知住户不要在外墙部位随意打洞。

综上所述,外墙渗水现象的防治应重视细部处理、施工工艺及构造等措施上的选择,消除渗漏现象的隐患,根据实际条件,制订出相应的施工措施,强化质量监督检查,认真执行相关规范和操作规程,就能有效防止渗漏现象的发生,从而提高工程质量;施工人员在施工时认真严格按规范操作,实行挂牌上岗。坚持以样板墙引路,切实做好各方面操作工艺的交底工作,才能确保外墙的工程质量和控制外墙渗漏现象的发生。

7. 砌体建筑结构房屋的抗震技术措施

我国处于第 5 个地震活跃期,近几年发生的一系列强地震,造成了巨大的人员伤亡和财产损失。地震的危害性是极其严重的,建筑物的抗震性能尤其关键。现阶段我国抗震设计的目标是:当遭受低于本地区抗震设防烈度的多遇地震影响时,一般不受地震损坏或不需修理可以继续使用;当遭受本地区抗震设防烈度的地震影响时,可能损坏,经一般修理或不需修理仍可继续使用;当遭受高于本地区抗震设防烈度预估的早遇地震影响时,不致倒塌或发生危及生命的严重破坏。目前我国广大地区房屋建筑的结构形式主要有砌体结构、框架结构、剪力墙结构、钢结构及钢混合结构形式等。其中由于砌体结构选材方便、施工简单、工艺成熟、工期短及造价低的特点,其应用仍然极其广泛,也是多年来国内多层住宅和小型公共建筑使用最为广泛的一种主要结构形式。

(1)多层砌体建筑抗震常采用的方法措施。砌体结构是将不同材质的块体用砂浆黏结砌筑而成的围护墙体。柱作为建筑物主要受力构件的结构体,通过砌块与砂浆的互相作用及其纵横墙的相互拉结咬合而达到具有一定整体性和承载能力。但是砌体的抗弯、抗拉、抗剪强度又较其抗压强度低,导致建筑物体变形量很小,抗震性能比较差,使墙体结构的应用受到一定限制。因此改善墙体的延性和提高建筑物的整体稳定性,对抵御地震的危害具有极其重要的意义。目前常用的砌体建筑物抗震的主要措施如下。

1)合理布置:建筑物的平面和立面应尽可能规整、简单、使结构质量中心与刚度中心相一致。建筑立面应避免头重脚轻,房屋的重心尽量降低,尽量减少错落凹凸的立面,凸出建筑屋面部分的高度不要过高,以免地震中发生鞭梢效应,同时应控制好结构竖向强度和刚度的均匀性。若在实际工程中发生难以避免的情况,应尽量在适当部位设置防震缝,将体形复杂、平面不规则的建筑物分割成几个相对规整的独立单元体。

2)控制建筑物的层数及总高度。大量的震害资料表明,砌体建筑的层数越多,高度越高,地震破坏力就越大。因为建筑物层数及高度越大,意味着侧向地震作用就越大,同时也加大了建筑底部的倾覆力矩。因此在地震中,倾覆力矩大,会造成墙体产生过大的压力和剪切而遭受破坏。所以控制砌体结构的层数及高度对减轻地震灾害有很大的效果。在《建筑抗震设计规范》(GB 50011—2010)中,对多层砌体建筑的层数及总高度有强制性的规定。

3)增强砌体结构的整体性和刚度。有效增强砌体结构的整体性和刚度的技术措施有多种,一般常用及实践证明的方法有纵横墙的合理布置,建筑物楼层及楼盖为现浇,增加墙体面积及提高砌筑砂浆强度,按规定设置窗墙比,设置圈梁及构造柱等措施。在地震中多层砌体结构的纵横向地震作用主要由相应墙体承担。因此纵横墙的合理布置宜控制纵横墙的间距,可控制纵横墙的侧向变形,增强空间刚度和整体性,对承受纵横墙两个方向的水平地震作用及抗弯、抗剪能力都非常有利。墙体布置时应尽量采用纵横墙贯通的布置形式,而当纵横墙不能贯通布置时,则应在墙体交接处采取加强措施。而横墙最大间距就是为了满足楼盖对传递水平地震所需要的刚度要求。其中在8度设防时,现浇或装配式整体钢筋混凝土楼盖板的多层砌体建筑的横墙最大间距为15m。若横墙间距过大,纵墙会因过大的层间变形而出现平面的弯曲破坏。

4)多层砌体建筑中设置水平圈梁。实践表明设置水平圈梁可以加强内外墙体的连接,增加建筑墙体的整体性。尤其是基础和屋盖两个部位的圈梁,具有提高建筑的整体刚度和抵抗不均匀沉降的能力。由于圈梁的约束作用使楼盖与纵横墙构成箱型结构,能有效地约束装配式材料的散落,使砖墙出现平面倒塌的可能性大大降低,可以充分发挥各片砌体的整体性。

5)在砖墙内设置构造柱能提高砌体结构的延性,发挥砌体侧向挤出塌落的约束作用,使砌体的抗剪承载能力提高10%以上,增强了砌体结构的变形能力。同时在建筑中设置构造柱可以大大提高建筑物的整体性,利用其塑性变形和滑移摩擦来消耗地震能量,从而提高墙体的抗震能力,且圈梁与构造柱一同对墙体在竖向平面内进行约束,可有效限制裂缝的开展,并减小裂缝与水平面的夹角,确保墙体的整体性和变形能力,也提高了墙体的抗剪能力,因此对于圈梁和构造柱的设置是一种极经济有效的抗震技术措施。

6)根据砌体结构地震灾害的后果分析,砌体结构的抗震能力与墙体的截面积大小及砂浆强度等级的高低成正比。在多层砌体建筑的抗震验算中,底部两层的地震作用力较大,也是结构的薄弱层。采取改变部分墙体的承载面积和适当地提高砂浆的强度等级是可以提高抗震能力的。实践应用表明:提高砂浆的强度可以同时提高墙体的抗拉、抗压、抗弯及抗剪能力,从而达到提高砌体建筑抗震性的目的。

(2)隔震及消能减震技术的应用。

1)隔震技术是国际上比较流行的工程抗震新技术,它是通过把隔震消耗设施(如橡胶隔振垫)安置在结构底部和基础或底部柱顶之间,把上部结构和基础隔开,这样改变了结构的动力特性和动力作用,明显地减轻结构的地震作用,达到以柔克刚的效果。国内外大量的试验和工程实践表明,隔震技术的应用体系一般可使结构水平地震加速度下降60%左右,从而消除或减轻结构的地震破坏,提高建筑物及人员安全性。隔震体系有很大的垂直承载力,即50~2000T及较大的垂直压缩刚度,其水平变形刚度较小,为0.25~1.8kN/mm,水平及限变位移较大,为100~500mm,因而具有足够大的初始刚度,以抵抗风荷载和轻微地震;当强地震发生时,又可以自由地柔性滑动,当变形过大时,刚度会回升,具有保护和限制作用。用钢板夹层橡胶隔震垫具有较大的复位能力,在一些地震实践中都是后动瞬间复位。同时其具有耐久性好的优势,一般使用寿命在70年以上,远远超过一般民用建筑物设计使用50年的正常使用要求。根据其特性,一般而言隔震技术主要适用于多层及低层建筑结构中。

2)建筑结构消能减震技术的应用方法是指在结构的某些部位,如支撑点、剪力墙、节点及连接缝或连接件等处,设置消能减阻尼装置或元器件,通过消能装置产生摩擦非线性滞回变形耗能来耗散或吸收地震能量,以减少主体结构的水平和竖向地震反应,从而避免结构破坏或倒塌,以达到抗震和减震的目的。但是此种方法主要适用于多高层及超高层建筑。

3)隔震和消能减震技术虽然可以大幅度提高砌体建筑结构的抗震能力,并且现行的抗震设计规范已经给出了隔震和消能减震技术工程应用的强制性要求,但是现阶段建造成本比较高,且这些应用技术从设计到应用还是复杂,施工也有一定难度,正确、合理地掌握和实施还存在一些具体问题,因此,这些可以使用的新技术距离大范围推广使用,还需要一定的时间准备。

综上所述,对砌体建筑结构而言,良好的抗震性能一定来自于相对简单的体形,也来自于相对简单的直接传力体系及地震作用下结构的多道设防,在地基与基础的设计中也应充分考虑到地基的变形对建筑物上部安全的影响。从另一方面看,也应高度重视由地震引发的次生灾害。因此,在以后的设计中有必要增强建筑物的防火设计。

为了最大限度地减轻地震灾害造成的损失,建筑工程技术人员应将抗震设防、抗震设计和施工质量控制几个方面提高到一个新的水平,才能符合建筑工程具备应有的抗震能力,为居民的人身及财产安全创造一个可靠的保证。

8. 提高砖混结构房屋抗震能力的有效方法

现在我国大多数人口仍居住在多层砖混结构房屋中,砖混结构房屋抗震能力的高低,直接关系着人民生命及财产的安全。我国地震区域较多,建筑工程抗震技术措施,是建筑工程技术和设计人员长期以来一直不断努力探索和研究的主要课题,并在理论与实践抗震措施中取得了显著成效。建筑结构特别是多层砖混结构,在强震中破坏现状严重,主要与抗震结构的设计技术措施不足有关,难以确保和满足抗震规范对提高结构抗震的总体原则和要求。采取有效的抗震技术措施,对烈度在8~9度区的房屋建筑,做到"大震不倒"是完全可能的。针对多层砖混房屋结构类型,介绍一种简单有效的抗震方法,供广大工程技术和设计人员参考与借鉴。

(1)震害情况及原因。根据以往对地震震害的情况研究,以及5·12四川汶川8级特大地震和4·20四川雅安震害情况调查分析,多层砖混结构房屋在地震作用下,大致主要有以下几方面破坏特征和原因。

1)在水平往复地震力作用下,层间特别是底层位移较大,纵横墙企图阻止其侧移,但由于砖砌体的极限变形较小,墙的斜向抗拉强度作用受墙体顶部与底部力作用方式的影响,斜向拉伸破坏形成较陡的对角线齿缝破坏面。此外,由于多层砖混结构房屋中重力产生的墙中轴力较小,墙体特别是底层墙体所受水平地震剪力较大,在构造柱上、下柱脚和墙体中较易发生剪切破坏,构造柱脚纵筋受剪切和扭转影响而发生屈曲,震害严重时发生倒塌。

2)墙体门、窗洞口等薄弱处,由于在地震力作用下丧失抗震能力,产生较大的应力集中或塑性变形集中,破坏严重,甚至倒塌。

3)由于房屋平面设计不规则,造型布置不合理,倒塌严重。

4)由于楼层安装预制板,整体连接性差,墙体破坏后,楼板塌落,致使房屋倒塌。

5)楼梯段等上下端对应的墙体处、外墙四角和对应的转角,未按规范要求设置构造柱和圈梁,墙体破坏,楼梯间倒塌,或梯板等部位受剪扭破坏。

6)附着于楼、屋面结构上的非结构构件及楼梯间的非承重墙体与主体结构无可靠连接或锚固,由于结构顶端"鞭端效应"作用,造成倒塌。

7)同一结构单元的基础,设置在性质完全不同的地基上,导致基础下沉不均匀而破坏或倒塌。

8)未按规定设防震缝,致使房屋发生破坏等。

(2)对技术措施及抗震性能的分析。几十年来设计对多层砖混结构房屋的抗震方法、措施,主要是在房屋结构竖向及水平规定部位设置构造柱和圈梁及适当提高建筑材料及砂浆强度等级。这一构造措施虽对房屋整体抗震能力有所提高,但其整体结构抗震性能提高的幅值并不大,是结构抗震能力的 10%~20%,再由于当前抗震措施的局限性及受施工质量特别是柱脚施工缝等的影响,柱脚抗滑移剪切能力有限,对房屋结构抗扭转能力和两主轴方向的抗侧力提高不大。面对相应抗震设防烈度的特大地震,结构破坏和倒塌的可能性较大。针对上述普遍存在的震害情况及原因,较大程度地提高多层砖混结构房屋的抗震能力很有必要,继承和保留现行砖混结构抗震规范的局部优势,完善和提高现有抗震措施的不足,其方法应从以下几方面入手。

1)加强基础与构造柱的连接强度,提高柱节点和塑性区的抗弯刚度。竖向钢筋混凝土构件即构造柱的设置,按现行规范要求设置其形状,按墙体结构特点,充分考虑所受地震力情况,可针对不同的墙体结构部位,位置设计成如图 3-4 所示类型。

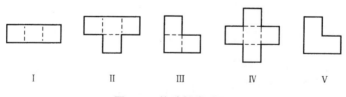

Ⅰ　　　　Ⅱ　　　　Ⅲ　　　　Ⅳ　　　　Ⅴ

图 3-4　构造柱类型图

Ⅰ型用在纵横无交叉的墙体结构上;Ⅱ型用在有纵横交叉的墙体结构上;Ⅲ型用在内纵横墙体结构相交的转角处;Ⅳ型用在纵横墙体结构的交叉处;Ⅴ型用在房屋外墙阴阳角位置。根据以上 5 种类型,以首层Ⅰ型为例,其剖面构造如图 3-5所示。

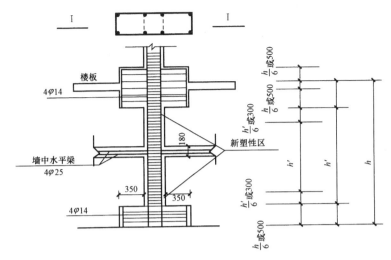

图 3-5　5 种构造柱

以 I 型构造柱为例,在构造柱上下塑性区各 h/6 或 500mm 高度范围之内,墙体纵向或横向每边加宽 240mm 或等于墙厚,加宽后该柱塑性区宽度约为 750mm,其纵向配筋及横向配筋按设计或规范要求具体设置。新增加塑性区高度纵筋不应小于构造柱纵向钢筋直径,且不应小于 14mm,其数量每边不少于两根。加宽后构造柱上、下塑性区之间柱中部砌筑形状及砌体拉墙筋,均按规范要求设置。经加宽后构造柱上、下两塑性区对应高度墙体刚度、强度增大,并在两塑性区之间形成新的塑性区且向柱中转移,紧靠原塑性区位置,其高度近似为 h′/6 或 300mm。通过以上有针对性的构造柱形状变化设置,使构造柱柱脚与基础地梁或地圈梁连接面积加大,连接强度提高,使柱节点强度和原塑性区抗弯刚度大大增加,理论上降低层间抗震计算高度。

2)增加墙体水平钢筋混凝土构件对墙体及柱的约束。为了提高多层砖混房屋结构的抗震能力,现行规范对圈梁的设置要求,在现行抗震措施中已经承担了很重要的角色,但要使房屋结构做到"大震不倒"还明显存在不足。墙体在水平地震力作用下,上、下圈梁间的墙体和楼梯段等上、下端对应的墙体,特别是门、窗、洞口等薄弱处破坏较为严重。提高多层砖混结构房屋抗震能力的原则是提高结构的整体强度和刚度,而提高砖混结构整体强度和刚度最直接、有效的方法是,将层间墙体做到有效的分割、包围,对房屋中不同的结构部位情况,可按以下两种方法处理。

A.对于整体墙片,在墙片中部位置,增设墙中水平梁,其断面尺寸及配筋原则上按斜截面受剪承载力和墙片抗震承载力之和大于或等于相应设防抗震烈度产生

的水平地震剪力,来确定该墙中水平梁的大小,但断面不应小于 240mm(宽)×
120mm(高),纵筋不小于 4φ10mm;底层墙中水平梁断面不应小于 240mm×180mm
纵筋不应小于 4φ12mm;混凝土强度不小于 C20;箍筋间距不大于 φ6@200mm,其
箍筋配筋率应满足斜截面受剪承载力要求。墙中水平梁纵、横交接并延伸至两侧
构造柱中或门、窗、洞口边缘位置,其墙中水平梁与门、窗、洞口上部经加强的抗震
过梁等延伸段的错开搭接长度,按现行圈梁错开搭接长度规定执行;若窗间墙高宽
比大于 1 或宽度小于 2m,在墙中部可不设水平梁;若窗间墙较大,门、窗、洞口高度
不一致时,可视具体情况而定。

　　B.对于门、窗、洞口等薄弱部位,按现有抗震设计规范要求执行,在较大的水平
地震力作用下,较易产生过大应力集中或塑性变形集中。因此,在以上特殊部位,
要克服过大应力集中或塑性变形集中发生或过早发生,要视具体情况分别对待。
①对于门、落地窗等洞口较高的部位,要将其过梁按照在其墙片中的具体位置,参
与可能发生破坏的墙体截面抗震承载力一起抵抗该墙片分配到的水平地震力,确
定其过梁断面、配筋大小及混凝土强度等级。过梁两端搭接在墙支座上,长度不小
于 1m;若与相邻洞口上部存在同标高过梁,要尽量与其连接;若与相邻洞口上部过
梁或墙中水平梁高度不一致,按圈梁搭接封闭要求,形成规范性封闭。②对窗、洞
口等除在其上部设置所述过梁要求外,还在窗台等一定高度位置增设一道水平梁,
长度与上部过梁一致,该窗洞口等上部过梁在满足承重或构造要求外,与窗台、洞
口下部水平梁及墙体截面抗震承载力一起抵抗该墙片分配到的水平地震力,并确
保结构所在设防地震烈度下不被破坏来确定窗、洞口等上部过梁及窗台、洞口下部
水平梁断面尺寸、配筋大小和混凝土强度等级。对于以上门、窗、洞口等宽度为 1m
及以上的上部过梁,梁高不应小于 180mm。第 1 层不应小于 240mm,箍筋不小于
φ6.5mm,间距不应大于 200mm,纵筋不应小于 4φ12mm;梁端箍筋按 1.5h 梁高长
度范围加密且不小于 φ6mm@100mm。对上部过梁梁端伸入墙支座 1m 后,下部窗
台、洞口水平梁纵筋及断面,可参照墙中水平梁设置。对于门、窗、洞口等两侧有构
造柱的,应伸入柱中;在较大洞口两侧,可按现行规范要求设置相应钢筋混凝土柱。

　　3)楼板结构措施:在当今我国大部分民用住宅、学校及公共建筑中,往往采用
多层砖混结构,其楼板大部分采用装配式钢筋混凝土预应力空心楼板。这一楼板
结构,在相应地震烈度作用下,如果墙体结构发生一定的破坏,板端墙体支座发生
错动或倒塌,使预制空心楼板塌落,直接造成严重的伤亡事故和巨大的经济损失。

现阶段,随着国民经济的增长,人民生活水平不断提高,对于多层砖混结构的民用住宅、学校及公共建筑等生命线重要工程,其楼板结构应尽量避免采用预制空心楼板,均应采用整体楼板结构比较可靠的现浇结构和装配整体式钢筋混凝土楼板结构。该结构措施对提高整体结构抗震,预防或减少楼板直接塌落,非常有利。2008版《建筑抗震设计规范》(GB 50011—2011)已对此措施有明确的规定。

4)基础结构措施:大多数的一般性建筑地基具有较好的抗震性能,极少发生由于地基承载力不够而产生的震害。因此,我国多数抗震设计规范对一般性地基与基础均不做抗震验算。但值得注意的是,从5·12四川汶川发生里氏8.0级特大地震中可发现,震源的深浅直接影响地表产生地震烈度的大小,使地面产生激烈晃动的程度不同,局部地面产生地裂或震陷等。当穿越建筑基础时,由于地梁或地圈梁断面及配筋较小,强度较弱,房屋从基础底部开始断裂或破坏,将房屋分成几个部分,可直接导致地面建筑物破坏或倒塌。为预防或减轻此类破坏,应从理论上考虑,使基础结构处于弹塑性工作状态来确定该地梁或地圈梁断面及配筋的大小。但是,对房屋纵、横向特别是纵向,由于地裂或震陷等影响,要做到基础结构不发生断裂或破坏,实际上是不可能的。要预防和减小以上破坏,较好的办法是减小房屋纵向长度,在适当位置设防震缝,严格控制房屋高宽比等。但对不同的场地、岩土情况及基础类型等,其震害和预防措施有所不同,有待更进一步研究。

另外,附着于楼、屋面结构上的非结构构件及楼梯间的非承重墙体与主体结构的连接等,按现行抗震规范要求处理。房屋平面设计应尽量规则,造型布置合理,按规定设防震缝,等等。

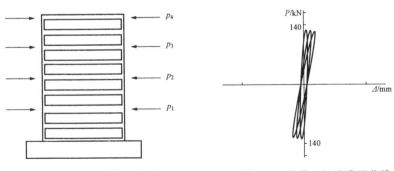

图3-6　新抗震构造房屋模型图　　　图3-7　荷载—位移滞回曲线

5)抗震性能分析:根据上述已经应用的抗震方法,对构造柱形状进行改进并在砌体墙中设置水平梁后,多层砖混结构房屋在往复水平地震力作用下的计算结果分析表明:房屋相关部位抗震能力均在满足原相应抗震设防烈度的基础上提高许多,进一步验证了该抗震方法与原结构抗震的破坏机理和抗震性能等的差别。经以上抗震方法改进后在设防烈度为 8 度时的水平地震力作用下,建筑结构未发生破坏,仍处于弹性工作状态。新抗震构造房屋模型如图 3-6 所示。图 3-7 所示为经该方法改进后构造柱的荷载—位移滞回曲线,由于房屋刚度较大,可完全吸收水平地震力。根据计算结果,可近似绘出荷载—位移滞回曲线,荷载与位移关系近似于直线,滞回曲线包含覆盖面积非常小,刚度无明显下降,结构处于弹性工作状态。

通过上述方法介绍,提高多层砖混结构房屋的抗震性能还体现在以下几个方面。

A. 有效加大了竖向钢筋混凝土构件与基础的可靠性连接,其连接面积比原构造连接面积加大 2~3 倍,并且避免了施工缝对塑性区抗震能力的影响,这对提高砌体结构,特别是不规则砌体结构的抗扭转能力和两主轴方向的抗侧力,效果非常明显,同时提高了构造柱节点及塑性区的强度、刚度、抗弯性能及柱脚抗滑移剪切能力。由于水平地震作用对房屋层间竖向构件的破坏,可能会发生在构造柱新塑性区位置,其层间原计算高度必须进行适当调整,调整系数取 0.75。由此,墙柔度 δ 比原来变小,而侧移刚度 k 比原来增大,吸收的地震能量相应增大,能有效分担比原抗震构造方法更大的水平地震力。由于增设的水平梁等延伸至柱中部连接,进一步约束了柱在整体结构中的稳定性,墙中水平梁和门、窗、洞口上部过梁参与墙体一起抵抗和吸收水平地震力,有效约束构造柱在新塑性区过早发生变形或破坏,并在以上抗震方法作用下,形成很好的房屋水平及竖向结构相互约束的结构抗震体系,构造柱在以上抗震体系中,对结构的抗震贡献有较大幅度提高,由原来的 10%~20%,提高到 25%~5%。

B. 由砌体结构的墙段受剪承载力验算,只考虑水平地震剪力,不考虑水平地震剪力与重力荷载内力的组合,多层砖房墙段的受剪承载力与墙段 1/2 高度处的平均压应力有关。通过以上水平梁等的设置,会使墙段 1/2 高度处平均压应力 δ_0 有所增加,因此,墙段受剪承载力也相应提高。

C. 由于砌体的延性非常有限,其极限压应变小于钢筋混凝土的极限压应变,因此,避免了砌体墙竖向劈裂破坏会使受压区的压力衰退非常迅速的缺陷。而理论上矩形砌体墙的延性随着墙上的轴压力、含钢率、钢筋屈服应力及墙的形状比的增大而减小,但实际上会导致在极限状态下,产生较小的曲率延性,这必将增大弯曲受压区的面积,而作用于墙上的轴力仍较低,有利于结构抗震。

D. 在门、窗、洞口上加强抗震过梁和窗台、洞口处水平梁的设置,可有效避免由于窗间墙或墙体高宽比较大,特别是大于 1.0 时,形成在抗震薄弱处对整体结构造成抗震能力降低的影响,并在该部位墙体形成合理的刚度和承载力分布,避免结构局部削弱和突变形成薄弱部位,产生过大的应力集中和塑性变形集中,使该部位保留足够的强度和安全储备。同时,在抗震措施上,满足相应设防烈度条件下,内、外墙开洞率或门、窗、洞口宽度可适当加大。通过改进以上方法,构造柱、过梁、水平梁及现行规范要求设置的圈梁等延性构件对砌体结构形成较小块体分割、包围,提高了砌体结构的整体强度和刚度,形成了较好的结构抗侧力体系;提高了砌体墙的极限变形能力;提高了砌体墙抵抗初裂破坏,具有一定的极限承载能力;有效预防了结构破坏和防倒塌能力,从根本上很好地改善了砌体结构抗震性能,并找到了较为有效的抗震方法和途径。现行抗震规范及某些地方建筑技术规程规定,在约束墙体的方法上均采用砌体配筋方式,与上述方法采取的抗震措施部位类似。配筋砌体在抗震能力上有一定提高,主要表现在结构变形能力增大,但在相应设防烈度地震作用下,未能确保所约束的墙体不被破坏或破坏后不会发生较大的变形和位移,甚至倒塌。因此,采用上述方法,通过改进后的构造柱、过梁及墙中水平梁设置等的紧密配合作用,能有效约束砌体墙发生初裂破坏,控制变形或位移,能使墙体受剪承载力在满足抗震设防烈度基础上有较大幅度的提高。

(3)抗震方法验算。经以上方法改进后的房屋结构,虽在某些部位增设了钢筋混凝土构件,但对整体结构来讲,仍属多层砖混结构类型,按现行建筑抗震设计规范要求,对多层砖混结构房屋一般不考虑地震倾覆力矩对墙体受剪承载力的影响,只按不同基本烈度的抗震设防控制房屋高宽比。所以,该抗震计算方法仍需进行地震作用计算和抗震验算,其方法可归结为以下两个步骤。

1)按多质点体系水平地震力作用近似计算法——底部剪力法求得各纵横墙在不同结构楼盖条件下地震剪力的分配 V_{jm}。

2)验算层间墙中水平梁,门、窗、洞口上部过梁及窗台等部位水平梁,在水平地震力作用下发生斜拉破坏时,水平梁受剪承载力 V_{cs} 与黏土砖墙体截面抗震承载力 $f_{VE}A/\gamma_{RE}$ 一起抵抗相应砖墙在不同结构楼盖条件下地震剪力的分配 V_{jm}。由于改进后的构造柱与原层间圈梁组成的抗震体系,对房屋整体结构抗震能力的贡献在 25%~35%。所以当墙片两端有构造柱时,墙片承载力抗震调整系数取 0.75,即

$V_{cs} + f_{VE}A/0.75$ 大于 V_{jm}。

(4)抗震计算结果与现行抗震规范抗震能力的比较。例如,某4层砖混结构办公楼、平面图如图3-8所示,楼盖和屋盖采用钢筋混凝土现浇板,横墙承重。窗洞尺寸为1.5m×1.8m,房间门洞尺寸为1.0m×2.5m,走道门洞尺寸为1.5m×2.5m,墙厚均为240mm,窗下墙高度为1.0m,窗上墙高度为0.8m,楼面恒载为3.10kN/m²,活载为1.5kN/m²,屋面恒

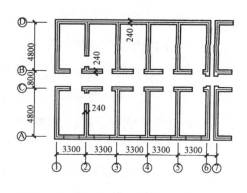

图3-8　平面图

载为5.35kN/m²,雪载为0.3kN/m²,外纵墙与横墙交接处设钢筋混凝土构造柱,砖的强度等级为MU10,混合砂浆强度等级均为M7.5,设防烈度设定为近震8度,Ⅱ类场地。

由上述抗震方法验算,以1层横墙2轴交C—D轴墙片抗震能力的计算为例,进行抗震验算比较。

A. 按底部剪力法计算出2层横墙2轴交C—D轴墙片在现浇结构楼盖条件下的地震剪力,经计算,总水平地震剪力标准值 $F_{EK} = \alpha_{max} G_{eq} = 1535$kN。由于墙中水平梁的设置,墙体1/2高度处横截面上产生的平均压应力 δ_0 实际提高不大,可近似按原墙1/2高度处产生的平均压应力 δ_0 计算,其1层总水平地震剪力标准值不变。经计算,单位力作用下有纵横墙总侧移刚度 k 为0.46Et,首层横墙总侧移刚度 k 为6.711Et。由于现浇结构楼板地震剪力 V 按 $(k/\sum k)F_{EK}$ 进行分配,即2轴交C—D墙片分担的地震剪力为104.07kN。

B. 由于2轴交C—D轴墙片开有门洞,以靠近整体墙面一侧为界,将该墙片分成两个墙段,靠近走道的墙段门洞口上部按以上方法设置抗震过梁,其C轴梁端伸入柱内,另一端伸入墙内支座不小于1m,在地震力作用下,高宽比大于4的墙垛和门洞上抗震过梁组成一个抗震段,能抵抗部分地震力作用,而现行规范对该段抗震能力却规定近似为零。无门洞墙段中部新设置水平梁,从门边到D轴柱内,组成一个抗震实体墙段。根据以上抗震验算方法,分别进行计算。①对有门洞的抗震墙段:1层层高为4.25m,门高为2.5m,过梁高为240mm,过梁偏离该层墙1/2高度处约400mm,该抗震过梁和其所处位置对该层结构抗震的贡献,按一定规律折减。在

计算斜截面受剪承载力时,由于前述构造柱塑性区位置变化,为便于精确计算,层间抗震计算高度需调整,可乘以适当的抗震调整系数 0.75。又由于过梁受地震剪力破坏发生在梁端支座边,剪跨比 λ 为 0,即 $V_{cs} = 0.75 \times (0.2/1.5 \times f_c bh_0 + 1.25 f_{yv} \times A_{sv}/S \times h_0)$ 为 75.1kN;门上 1.4m 高砖墙中 1/2 高度位置与该层 1/2 高度位置高差相距约 1.4m,按门上实体墙中部高度位置偏离该层中部位置墙体抗震存在一定折减规律,应乘以调整系数 0.3,即墙体截面抗震承载力为 $0.3 f_{vE} A/\gamma_{RE}$。由于两端设构造柱,γ_{RE} 为 0.75,其计算结果为 18.06kN,即含门洞墙段抗震承载力为 93.16kN,这是抗震过梁设置前该墙段所无法承担的。②对实体墙段:按上式对墙中 1/2 高度处水平梁斜截面受剪承载力进行计算,其结果为 52.92kN。而现行规范在墙中一般配置 $3\phi 6.5$mm 钢筋砖带,当受到大于 21kN 外力时,钢筋开始屈服被拉伸,其对墙体抗震耗能性好,而抵抗裂缝发生或破坏的贡献较小。无门洞墙段实体墙抗震承载力,经计算为 236.7kN,大于底层该墙片所分配到的地震剪力 135.29kN。所以,该墙片 2 轴交 $C—D$ 轴抗震承载力为 382.78kN,约是现行规范该墙抗震承载力 206.08kN 的 1.8 倍。外纵墙、窗间墙抗震验算从略。通过对以上计算情况及结果的综合分析,不考虑基础结构抗震方法的设置对整体抗震能力的影响,仅采取对构造柱构造形式的改进、墙中窗台、洞口处水平抗震梁的设置及门、窗、洞口上过梁的加强等措施,对房屋整体抗震能力的提高效果即非常明显。

综上分析,探讨可知,本方法有效弥补了当前多层砖混结构抗震方法和性能的不足,确保了房屋在强烈地震作用下,结构有足够抗震富裕度,尽可能使结构在弹性范围内抗震,避免或减少了房屋被破坏和倒塌的情况发生。该方法优越、独特,抗震效果明显,施工简便,经济代价不高,抗震性能安全、可靠,可真正做到或超越"小震不坏、中震可修、大震不倒"的抗震目标。通过理论分析及实例计算比较,找到有针对性地克服多层砖混结构房屋在地震力作用下较易发生破坏的薄弱部位的有效途径,在理论及方法上基本解决了造成震害情况发生的根本原因,完善了现行抗震规范提出的提高结构抗震性能的措施和目标,能有效地保护人民生命及财产安全,具有十分重要的社会和现实意义,可供广大设计人员及工程技术人员参考应用。

9. 砌体结构抗震的应用经验与期望

传统的"秦砖汉瓦"曾是我国几千年来的建筑结构主体材料。中华人民共和国成立初期开始的大规模城市建设也以砖混结构形式为主。在改革开放前的建筑材料中,砌体几乎占到90％。因此,砌体结构在我国不但历史悠久,而且应用数量及范围极广,不论在城市和村镇都占有绝对优势。

砌体材料的地方性、经济性和可操作性,使其具有广阔的应用空间,不论是工业建筑还是民用建筑都有其适用之处。时至今日,虽然城市建设中出现大量高层或超高层建筑,钢筋混凝土、钢结构和钢骨混凝土结构等新材料的涌现,使城市面貌日新月异。但是,在广大中、小城市,在多层和低层建筑范围内,仍然大量采用着各种砌体材料,有空心黏土制品,也有工业废料制成的新型砌体材料,以及如混凝土砌块和混凝土砖一类的砌体材料,它们仍占有80％以上的建造使用量及面积。在我国,各类砌体结构的建筑仍将是一种主要的建筑形式,所以砌体结构抗震的任务仍任重而道远。

(1)从地震中接受并总结教训。

中华人民共和国成立后所遇到的几次破坏性地震,都发生在中等以下城市或村镇如邢台、河间、河源、东川、乌鲁木齐、阳江等,一般都只有砖混或砖木结构房屋,钢筋混凝土结构很少;村镇建筑中则是以砖和生土类低层房屋为主。因此1974年我国制定的第一本抗震规范产生的背景主要是以上述几次地震调查总结资料为基础的。突然发生在中等工业城市并造成了毁灭性的灾难的地震,如1975年辽宁海域地震和1976年唐山大地震,极大程度地提升了工程界对地震巨大破坏性的认识,并初步对这两次强烈地震的经验进行了总结,并修订了《建筑抗震设计规范》。我国在工程抗震领域掀起了一场试验研究和理论探索的热潮,同时还在部分城市开展了既有建筑物的抗震鉴定,又有加固改造提高抗震性能的工作。

随着我国改革开放政策的推行,地震工程与工程抗震界还与国际上主要地震国家开展国际合作课题研究,如与美国、日本、罗马尼亚、前南斯拉夫等国在试验研究、设备引进、震害经验及人才培训等方面都进行了许多交流和课题合作,从而扩大了视野,开拓了抗震防灾的新领域。通过历次地震经验总结和认真分析,对于在我国占墙体材料绝大多数的砌体结构而言,主要总结出下列规律。

1)多层砌体结构房屋的地震破坏,主要发生在底部数层,特别是底层墙体破坏或倒塌首先从底层开始,逐层向上,墙体裂缝的开展程度自上而下逐步加重,具有明显的规律性。并且底部墙体主要发生剪切破坏,裂缝呈X形分布。仅有个别房屋的底层会产生弯曲型的水平裂缝,此类情形比较特殊。

2)多层砌体房屋两端墙体的破坏比例较高。砌体房屋属于刚性结构,自振周期短,地震反应大,尤其是在房屋两端的墙体,由于端部墙体缺乏约束,加之端部外墙转角部位受到两个方向地震作用的共同作用,因此常常破坏较重,类似局部突出顶部的结构,可称为"鞭端效应"。这一破坏规律告诉我们,如楼梯间、大房间一类的大开间不宜布置在房屋尽端,以避免不利于抗震的因素集中叠加在一起,造成更加严重的破坏后果。

3)多层砌体房屋的层数越多,震害越严重。这一规律也是通过大量地震调查总结得出的结论。砌体结构每一楼层作为一个质点,所具有的地震作用按倒三角形分布,由于砌体材料的抗拉强度极低,因此随着高度增加所需的抗倾覆要求也要提高,这对砌体结构而言是有困难的。因此,对于砌体结构,最好也是最有效的抗震措施是限制其总层数和总高度,以避免产生弯曲或倾覆破坏。当然,在层数受到限制时,实际也同时限制了相对应的高度。因为两者是相互关联的,但是从破坏的敏感度而言,高度相对来说并不十分明显。

4)横墙布置直接影响多层砌体房屋整体抗震性能。砌体房屋中唯一的抗侧力构件就是墙体,而且就整体结构而言,它只有一道抗震设防防线,墙体破坏意味着抗震能力的丧失。所以对多层砌体房屋来说,一般是墙体越多,抗震能力越强,反之亦然。因此,抗震横墙间距成为一项必须遵守的规范。当然,横墙布置的均匀性很重要,限于材料的性质,只有均匀地布置墙体,使地震作用最直接地从楼、屋盖传递到墙体和基础,才能保证砌体房屋的整体抗震性能。

5)纵横墙的连接至关重要:多层砌体房屋是由纵横墙体组成的一个空间刚体结构,在任意方向的地震作用下,其抗侧力能力将得到更充分的发挥。地震后纵横墙脱开、纵墙外甩的震害屡有发生;施工纵横墙砌筑时要求咬砌,留缝时要求采用马牙槎等措施,但仍不足以使纵横墙连接成整体。因此,为了加强多层砌体房屋的整体性,首先要求纵横墙体形成刚性连接,设置拉结钢筋和现浇混凝土构造柱都是十分必要的措施。

6)薄弱开间楼梯间:在多层砌体房屋中,楼梯间具有特殊的结构布置,形成了它的薄弱开间。因为楼梯间没有楼板做侧向支承,墙体相对开敞,且高度也常常超过楼层总高,在传递水平地震作用时楼盖相当于一根深梁,楼梯间相当于深梁中的一个缺口;在整体房屋空间工作时,楼梯间相当于一个洞口。因此,其更易于在地震中破坏。对于凸出屋面的楼、电梯间、女儿墙、出屋顶烟囱等局部突出物,它们的地震作用同样会放大。因此,采用乘以增大系数的办法加以体现。

特别是当楼梯间设置在房屋尽端或房屋转角时,这种不利因素将叠加,肯定会造成更严重的破坏。楼梯间主要是要加强墙体自身的整体抗震性能,从而避免楼梯间的最先破坏。

7)楼、屋盖的整体性是保证多层砌体房屋整体性的基础。楼、屋盖可分为现浇钢筋混凝土板、预制钢筋混凝土板和木楼盖。限于木材资源的匮乏,目前已很少采用木楼盖,它只是作为一种柔性楼盖的代表而出现在规范中。根据多次震害调查统计,现浇楼盖和预制板楼盖在多层砌体房屋中的破坏倒塌比例是接近的,并无显著的差异。当然,这里指的预制板楼盖应是符合正规设计要求和满足抗震构造措施的楼、屋盖,而不是指预制板间没有任何拉结措施的不合格板。

楼、屋盖作为多层砌体房中的最重要的水平构件,承担着地震作用的传递、分配作用,从而使地震作用能够均匀地分布到各个竖向抗侧力构件——墙体,逐层传递到基础。因此,楼、屋盖的整体性是决定地震作用能否顺利传递,并使多层砌体房屋的空间工作能否发挥的关键。所以必须要求楼、屋盖自身的整体性要好,同时还应加强楼、屋盖与纵横墙的连接物,以保证地震作用均匀、简捷地传递。

8)局部突出物易受地震破坏是震害的一大特点。地震造成的复杂运动至今仍不甚清楚,许多破坏规律还只能从震害现象中总结、发现。地震中局部突出物易遭受破坏是普遍存在的规律。首先从客观上看,局部突出物的地形(如山包、山梁、悬崖和陡坎及高台陡坡等)的地震参数的放大作用已有所规定。这些都是根据宏观震害调查结果得到的结论。

然而,对于局部突出物的地震反应,在某些情况下又很难解释。例如,唐山和四川汶川地震中的高烈度区都曾拍摄到单摆浮搁在阳台栏杆上的花盆,均完好无损地摆放着,并无倾倒或移位的迹象。又如,悬挑 1~2m 的钢筋混凝土阳台和雨篷,很少见到折断或倾倒的现象,当然当墙体倒塌后,依附于墙体的阳台和雨篷肯定会同时坍塌。

9)砌体结构迫切需要约束与配筋:砌体是由块材组成的构件和墙体,房屋结构作为一个整体的空间结构受地震作用,如何保证它的整体工作十分重要,而砌体结构恰恰缺乏这方面的性能。砌体材料及其构件只有通过各部位的牢固连接获得整体性能,如楼、屋盖通过设置周边的圈梁实施对楼、屋盖的约束;砌体墙砌筑时设置钢筋混凝土构造柱以达到对墙体的约束;各部分的构件通过设置连接钢筋,也可以达到约束的目的。可是,在砌体结构中,由于缺乏相互约束和连接而导致整体性能下降,甚至产生局部或连续破坏导致倒塌的实例比比皆是。唐山大地震后总结的在砌体结构的墙体中设置钢筋混凝土构造柱是最为成功的例子之一,它使砌体墙在大震中裂而不倒,对墙体起到了有效的约束作用。它对砌体结构抗震的作用是突出的。

当然从震害调查中也能发现,构造柱约束墙体的范围是有限的,也就是构造柱设置的间距不能过大;另外,构造柱间的墙体裂缝仍时有发生,这就说明对砌体墙的约束,不能仅局限于设置边框,还应考虑被约束范围内的墙体本身。例如,配置水平拉结钢筋和混凝土条带等,都是对砌体结构增强约束极为有效的措施。

10)底部框架-抗震墙结构的震害规律:底部框架-抗震墙结构最早是从砌体结构中的局部框架和内框架发展起来的。砌体结构中的部分大开间、大房间采用局部框架获得较大空间;另外,早期的一些轻型厂房(如仪器仪表、印染厂等)从经济上考虑,采用了内部以梁柱框架承重、外墙以砌体墙承重的混合承重结构。1975年海城地震和1976年唐山大地震中,此类结构被破坏殆尽。

与此同时,国外一些学者提出以柔性底层框架来减轻上部结构震害的设想。但是这一理念很快被证明是错误和不现实的。而我国也从唐山大地震等地震中总结出底框结构的性能比内框架或局部框架好,并且通过试验研究证明,为了保证底部框架结构具有足够强的侧移刚度,要求底框架中必须设置抗震墙,从而形成了目前底部框架-抗震墙结构的特有形式。应当说这是具有中国特色的一种结构,国外还很少见到。

底部框架-抗震墙结构是采用了两种结构形式和两种结构材料形成的一种混合结构,从抗震概念设计评述,它不是一种良好的抗震结构体系。但是,出于经济上和工程实践上的考虑,这类结构形式在大量城镇建设中还十分需要。通过近十余年所进行的许多模拟试验也证明了只要掌握关键技术,此类结构的抗震性能是能够保证的。从众多的震害经验看到,底部框架-抗震墙房屋的震害主要发生在底部框架和过渡层部位,发生严重震害或倒塌的部位一般都集中在该处,因此规律性比较明显。

(2)规范中采取的相应对策。

地震工程学是20世纪刚刚发展起来的学科,它以地震学作为基础,并结合各类工程的特点,形成诸如房屋结构、桥梁、构筑物、核电站等各类结构的工程设计和计算。规范是定量化的标准。但是,就目前地震学的发展水平,还远远不能满足地震工程学中所提出的一系列要求,而且客观地说还相距甚远。地震工程学中各类结构物的研究基础在哪里呢? 目前的认识还是要从实践出发,从大量的震害中总结经验,寻找规律,进而提升到理论高度。这是一条正确的探索之路。

砌体结构房屋具有它的广泛性和普遍性,发生地震时,首先遭到破坏的总是砌体结构房屋,而且数量众多,不同程度的震害均有发生,这给砌体结构房屋的震害规律的调查统计奠定了有力的基础。

砌体结构抗震设计的若干关键技术措施,集中体现在我国历年来的抗震设计规范中。规范中反映了历次大震的破坏震害经验,同时汇集了近代的科研试验研究成果,无疑集中了当代技术的最高水平。因此,通过我国抗震设计规范历年来的修订、补充和完善,即可看出我国在砌体结构抗震设计方面的水平和进步。现就我国抗震规范中对砌体结构采取的主要对策做一阐述和比较,以加深对新规范中相应条文的理解和探讨。

1)层数和高度控制的必要性:20 世纪五六十年代,在中华人民共和国成立之初的大规模建设中,砌体结构作为一种主要的结构形式被大量建造,当时砌体房屋的建造高度也越建越高。例如,原建设部大楼、四部一会大楼、国务院一招、万寿寺办公楼等建筑,都达到了 8~10 层。同时,为提高建造高度而谋求更高的块材强度等级的趋势越来越明显。到七八十年代,北京建造的 8~10 层的砖砌体房屋已为数不少。与此同时,全国各地也相继建造了一批 9~10 层的砌体结构房屋,并有逐步发展的趋势。

随着人口的增长、城市的发展、土地的减少,增加建筑物高度是无可厚非的。但是对于砌体结构这样一种低强度、低延性的材料来说,虽然它能满足静力荷载作用下的强度和稳定要求,但大量的宏观震害调查统计表明:在同一烈度区内砌体房屋破坏的比例与房屋的层数成正比,层数越多,破损或倒塌的比例也越高。对于房屋高度虽然没有专门做过统计,但是因为一般调查的砌体结构房屋多为住宅、办公楼、学校、医院等多层建筑,它们的层高都比较类同。因此,层数和高度一般能够对应。

地震区砌体房屋层数和高度的确定,应当综合考虑到技术和经济两方面的因素。虽然多层砌体房屋在我国一直认为是最经济的结构形式,但是无筋砌体材料的性质又决定了它不适合在地震区建造较高的房屋。即使从静力设计角度考虑,层数和高度过大对块材强度的要求也是不合适的。因此,从制定的抗震设计规范草案开始至今的四五十年中,我国对于砖砌体结构的层数的控制一直在 7~8 层以下,高度在 24m 以内。

2)抗震横墙间距的限制:建筑结构地震作用强度验算时的主要假定是,至少沿结构两个主轴方向分别计算水平地震作用。砌体结构很少出现斜交结构,因此只要沿纵、横两个主轴方向即可。而对于纵向墙体布置,一般的规律是三或四道纵墙,即单面走廊或中间走廊布置形式,纵墙间距小,布置比较规则。对仅有两道纵墙的挑廊式布置,《建筑抗震设计规范》(GB 50011—2010)已予以禁止。因此,沿纵轴方向的验算是明确的,尽管有时在高烈度区因底层或底部数层的抗剪强度不足而需要采取各种加强措施加以弥补,但对纵墙的间距是不需要限制的。

对于横向墙体布置,《建筑抗震设计规范》(GB 50011—2010)中除提出均匀、对称、连续和对齐等一系列的要求外,最重要的当属对横墙间距的限制。作为房屋横向地震作用下的主要抗侧力构件就是各道横墙,它决定着多层砌体房屋的主要抗震能力。

历年的抗震设计规范中都对抗震横墙间距作为一条主要的抗震措施提出限制,并从趋势上看是逐年减小的,这是为了提升砌体结构整体抗震能力的重要方面,《建筑抗震设计规范》(GB 50011—2011)也反映了这一方面的精神。限制横墙的间距,一方面是考虑到砌体材料实际强度的普遍性,同时也是考虑到对此类结构的现实需要。在新规范中即使对横墙做了进一步的限制,一般情况下也完全能满足实际工程设计的需要。

3)对于抗震圈梁的设置:早期的水平圈梁主要为解决房屋连接的整体性和解决不均匀沉降地基而采取措施,分钢筋混凝土圈梁和砖配筋砌体圈梁两种。在早期的地震震害调查中发现,设置有水平圈梁的多层砌体房屋震害都明显减轻,于是在抗震规范中纳入了设置抗震水平圈梁的要求。

抗震圈梁与一般圈梁并无实质的区别,只是早期的一般圈梁并不要求层层设置,主要设在底层或顶层。因此抗震规范中的圈梁设置也可以区别不同烈度隔层设置圈梁。当然从现在的认识分析,这是不适当的。抗震圈梁作为楼、屋盖的约束边缘构件,在采用预制楼屋面板结构中的作用是十分明显的,它对单块楼板进行约束并起到重要的边缘受力构件的作用,因此是必不可少的。

在现浇或装配整体式楼、屋盖中,虽然楼、屋盖的整体性已经较好,但楼、屋盖作为水平深梁工作,还是缺少了边缘构件的约束和加强,因此规范强调了即使现浇楼盖,也同样要设置边缘的加强钢筋来增强楼、屋盖边缘的约束功能。历年来抗震圈梁设置的变化主要在圈梁的层数和间距上。当然总的趋势是减小内横墙间设置圈梁的距离;强调了屋盖处加密圈梁的必要性,以及适当增大了圈梁纵向钢筋的配筋率。

4)房屋局部尺寸的控制:多层砌体房屋中的局部尺寸控制主要是为了避免因个别墙垛首先破坏而造成连锁反应,发生连续倒塌等震害。在结构抗震验算中,墙段按刚度大小分配地震作用,小墙垛反映不出其地震时的危险性。因此需通过宏观震害调查中发现的规律,对一些重要部位或重点墙段,进行最小尺寸的限制。局部尺寸的限制,既很难通过试验研究来论证,也无法通过计算分析得到。规范中的表列数值的变化除了依据调查分析之外,还结合了实际工程中的模数和传统加以规定。考虑到规范的连续性和设计人员的传统习惯房屋局部尺寸限值规定。这说明两点:①现行规范中规定的局部尺寸限值对砌体材料来说已经不可能用更小;②多年来的实践已经能够证明,这一限值是可靠的,对砌体结构房屋安全是有保证的。2010 规范中房屋局部尺寸限制与 2001 规范相同,未做变动,仅增加了注;当局部尺寸不足时,应采取加强措施弥补,且最小宽度不宜小于 1/4 层高和表列数据的 80%。

5)构造柱的设置要求:在多层砌体结构中设置钢筋混凝土构造柱是受到唐山大地震中构造柱的启发,经过一系列对比试验研究,1978 年正式纳入抗震设计规范。

由于当时对唐山大地震经验的总结尚在进行之中,系统的试验也仅完成了一部分。对于在多层砌体房屋中是否都要设置构造柱,还存在不同看法。因此,在 1978 年颁布的抗震规范中规定:凡超过规定高度 3m 左右时,每隔 8m 左右在内外墙交接处及外墙转角处设构造柱;凡超过规范规定高度 6m 左右时,每隔 4m 左右在内外墙交接处(或外墙垛处)及外墙转角处设构造柱。

这一创举带来的影响是深远的。①当时规范对多层砖房的高度限值较低,如240mm 厚墙体在烈度为 7、8、9 度时的高度分别为 19mm、13mm 和 10mm;厚 180mm 的墙体在烈度为 7、8 度时只有 12mm 和 9mm。所以建造中一般都会超过上述高度,因此大多数情况下都要设置构造柱。②构造柱对唐山大地震后的影响极为深刻,不但新建房屋中设置,许多既有建筑也大量采用外加构造柱的加固方案。③自1978 规范颁布到 1989 年施行新规范,整整 11 年中,大量的砌体结构房屋,在地震区受到了多次不同烈度的考验,证明设置构造柱对提高砌体抗震、防止房屋突然倒塌是有显著作用的。这也就为1989规范中全面提升在多层砌体结构中普遍设置构造柱的措施奠定了坚实的实践基础。

从1989年的规范开始对构造柱的设置要求,按地震设防烈度和层数分别设置不同数量的构造柱,到2010年颁布的新抗震规范,其变化是不大的,变动主要体现在:①楼梯间的构造柱设置,除楼梯间墙四角应设置外,对休息板和楼梯段上下支承处的墙体,也要求设置构造柱;②楼梯间对应的一侧内横墙与外纵墙交接处应设构造柱;③强调了山墙与内纵墙交接处也必须设构造柱。当然,对某些部位的构造柱间距也做了严密的规定,这一系列的措施,对提高多层砌体房屋的抗震性能是有极大好处的。现在,构造柱几乎成了业内外人士家喻户晓的名词,可见其普遍性之大。

6)墙体约束配筋布置:砌体结构的抗震、抗剪强度过低是一项致命的弱点,也很难改变。设置边框约束构件,可以提高抗倒塌的能力,但对抗剪能力的增强仍无显著的作用。以往砌体结构中设置网状配筋,以提高抗压抗弯强度;设置砖和混凝土配筋的组合柱提升承载能力,应当说已经是比较成熟的技术了。但在砌体结构抗震中,如何提高其墙体的整体承载能力,特别是它的抗剪能力?单从组成砌体的块材及其黏结材料的强度和黏结性能入手,虽有一定作用,但是很有限。因此必须另辟蹊径,寻找切实有效的措施来弥补。

现行规范根据多年的实际,应用拉结筋的做法,以及多年来对在砌体中配置水平钢筋来提高抗剪强度的启发,提出了在多层砌体墙、构造柱间的范围内,设置通长拉结钢筋或网片的新措施。在区别不同烈度区的前提下,分别按下部1/3楼层(6、7度时)、1/2楼层(8度时)及全部楼层(9度时)设置上述水平钢筋。这项措施的涉及面较广,即对于多层砌体房屋来说,包括所有的下部墙体都要求配有水平钢筋。这是十分必要的,首先地震震害告诉我们,底部墙体总是首先或较早地破坏,甚至倒塌;其次,从地震作用强度验算中也早已发现,总是底部数层的抗震、抗剪强度不能满足要求。这项措施无疑将大大改善原先的状况,使底部不再成为全楼的薄弱环节。

从更深层的意义分析,墙体的配筋将改变裂缝的分布及其承载能力。以往构造柱的边框约束作用更着重的是当墙体开裂后,约束破碎墙体不使其坍塌,但无法阻止裂缝的出现及其发展。因此墙体配筋带来的效果是:推迟墙体裂缝的出现,阻止裂缝的延伸、发展,使墙面裂缝分布得细而均匀分散,从而耗散更多的能量,达到增强延性的目的。

《建筑抗震设计规范》(GB 50011—2010)的实施,对于多层砌体房屋来说,可能是最具有实质意义的举措了。至少它是为多层砌体房屋从无筋砌体提升为约束砌体,再向配筋砌体过渡的重要一步。

综上所述,以上列举了抗震设计规范中最主要的6项对策,这是对砌体结构抗震设计时最主要,也是最基本的要求和经验,也是最重要的抗震措施。这是经过几代人的共同努力为之奋斗的结果。

(3)简要小结与期望。砌体建筑结构在我国现阶段仍将是一种主要的结构形式,而且随着新材料,新技术的不断开发、改进,还将会有一定的改进与发展。因此,对于砌体结构的抗震问题,虽然我国已经过几代人的努力,积累了比较丰富的震害经验和对策,但是事物总是在不断发展变化的,且至今仍对地震及其作用的认识还有不小的差距,我们仍要不断总结震害中的新经验、采取新对策措施,以防止强烈地震造成的巨大破坏。以下就砌体结构谈几点看法供同行分析、参考。

1)发展各类砌体材料应结合各地实际情况,就地取材,因地制宜。砌体材料的最大特色是地方性和经济性。根据国务院的规定,自2011年开始,全国全面禁止黏土砖的使用,这无疑是我国为了保护耕地面积而采取的积极措施。但是,我国丘陵地带众多,土丘、山包在有些地区比比皆是。另外黄土高原的土资源也很丰富,因此,结合当地资源情况,发展地方性砌体材料是有条件的,不必一刀切。有些地区地处工矿区,大量的采矿、选矿产生的废料、尾矿可以用来做墙体材料,既保护了环境,又利用了资源,各类矿产、煤炭、粉煤灰等资源极为丰富,综合利用粉煤灰、煤矸石、矿渣等工业废料生产砖或砌块材料就是极好的选择。另外,利用再生材料,如废弃混凝土和砖块等建筑垃圾,也是生产砌体的原材料之一。随着城市扩建和房屋的更新换代,废弃的城市垃圾数量也为数不少,这些废弃物的利用也是很有价值的。

砌体结构由块体砌筑而成,早期对砌筑的浆料极不重视,因为当只要求承担静力抗压时,对砌筑砂浆要求不高。随着抗震要求的提出,对浆料的抗剪要求越来越高,对砌体的抗震、抗剪强度也提出了更高的要求。砌体中砌筑砂浆是重要环节,以往习惯用混合砂浆用于各类砌体材料,现在已认识到这是不对的。目前,应该根据砌体结构中各类材料的性质,选用相应的专用砂浆才是正确的途径。通过对各类专用砂浆的研制,不断提高砌体构件的强度和整体性。

新型专用砂浆的特点应是改变以往的厚砂浆砌法,改用 3~5mm 的薄砂浆砌法,以节约水泥用量,也有利于外墙的保温节能。对块体要求不必过分追求高强度,一般能满足多层建筑的强度要求即可。对于块材,除已在国内定型的以外,应多从有利抗震和配置钢筋以便于施工操作的前提考虑,积极发展新型墙体材料。

2)从约束砌体结构向配筋砌体结构发展:经过 30 多年的实践应用,已经从无筋砌体结构向约束砌体过渡,这就是从唐山大地震后发展起来的钢筋混凝土构造柱和圈梁体系。从四川汶川地震中已经可以看到采取这一体系后带来的积极影响和巨大的经济和社会效益。但是在肯定成绩的基础上,也应当认真、深入地总结其存在的不足之处。例如,目前的约束尚不能完全防止墙体在地震时的裂缝发生,在荷载和应力比较集中的部位,甚至还会有倒塌的可能,特别是对砌体结构而言,地震的不确定性更易造成结构的巨大伤害。

为了防御大地震的破坏,应当继续从最终砌体结构真正达到"大震不倒"的目标出发。由于砌体结构的块材原材料是多种多样的,通过砌筑浆料形成的砌体的极限强度是有限的,因此从砌体本身来挖掘抗震潜力的可能性并不大。所以借助配置钢筋来提高砌体结构的整体抗震能力就成为唯一的途径。砌体结构的配筋方式以往多采用网状配筋、水平配筋、组合墙配筋等。从抗震的目的出发,发展墙体内和墙外配筋都是可以考虑的方式。另外,在砌体结构中采取预应力配筋同样是一种有效的方法。在混凝土空心砌块中配筋形成的配筋砌块砌体结构用于多层和中高层建筑已日渐增多。短肢剪力墙结构在多层建筑中也得到推广。也不妨大胆设想在砌体结构中采用不同材料或结构组成的"混合结构",作为试验研究的探索课题,从而使在砌体结构中也能做成两道或多道设防的结构体系,以提高整体结构的抗震能力。

《建筑抗震设计规范》(GB 50011—2010)已经实施,其中多层砌体和底框房屋中的抗震措施部分,已展现了配筋砌体构造的做法,对 6、7、8 度和 9 度区的部分或全部墙体,在构造柱间的墙体内增加了配置水平拉结钢筋的要求,有可能使墙体内的配筋率达到 0.2% 左右的水平,符合配筋砌体的标准。

3)在砌体结构中适度推广隔震技术:隔震技术已被国内外的历次强震记录证实是行之有效的减震措施。国内也有不少在经过地震后减轻震害的实例。对于低层和多层的砌体结构,由于其自振周期短,结构变形特征为剪切型,因此特别适用隔震技术来减轻地震灾害。《建筑抗震设计规范》对此也加以肯定。

结合我国国情,要将隔震技术普遍推广应用于各类砌体结构可能还会有困难,而且国外也尚未发展到这种程度。目前在砌体结构中推荐应用的橡胶垫隔震在技术上已比较成熟,但在经济性和耐久性等方面还是有探讨的余地的。因此,推荐在砌体结构中适度推广该项技术是适当的。

10. 房屋建筑中墙体裂缝成因与对策

建筑物围护结构产生裂缝是一种常见的质量缺陷,在一定程度上影响到用户的使用功能。对此,必须引起建设者的重视。正是从这个角度考虑,结合工程实践及文献介绍,下面分析、探讨并提出墙体产生裂缝的原因及预防措施。

(1)建筑墙体裂缝的成因分析。对建筑物围护墙体的裂缝进行认真分析,可以发现建筑物裂缝形成主要由设计、材料选择或施工方面的综合原因引起,但归结各种情况,不外乎以下情况。

1)温度和干缩产生的裂缝。温度应力引起的墙体裂缝主要是由于建筑物各部分温度差异引起温度变形不协调,从而导致的墙体开裂。这类裂缝主要发生在钢筋混凝土平屋盖的砖混住宅中,裂缝形式有八字形缝、45°斜裂缝、水平缝、垂直缝等。在砖混结构中的温度裂缝差异主要由两部分原因造成。一是砖砌体与混凝土楼板的初始温差:混凝土楼盖在浇筑后的硬化过程中,由于水化热的作用而使得楼盖的温度升高,而砌体温度不变,造成砖砌体与改进混凝土楼盖的初始温差。二是日光照射产生的温差:建筑物在使用过程中由于受到日照影响,温度升高,由于钢筋混凝土楼盖通常接受日照时间较长,同时楼盖的阻热能力差,从而比砖砌体温度升得更快,造成楼盖与砖砌体的温度差异。在两种温差的影响下,加之钢筋混凝土楼盖与砖砌体的温度线膨胀系数也差别较大(钢筋混凝土为 10×10^{-6},砖砌体为 5×10^{-6}),从而产生温度应力,并导致砖砌体中产生剪应力和拉应力,当这个剪应力和拉应力超过了砖砌体的允许应力时,就会产生裂缝。

2)地基不均匀下沉引起的墙体裂缝。斜裂缝主要产生在软土地基上,由于地基不均匀下沉,使墙体承受较大的剪切力,当结构刚度较差、施工质量和材料强度不能满足要求时,导致墙体开裂。窗间墙水平裂缝产生的原因是在沉降单元上部受到阻力,使窗间墙受到较大的水平剪力而发生上下位置的水平裂缝。房屋低层窗台下竖直裂缝是由于窗间墙承受荷载后,窗台墙起着反梁的作用,特别是在较宽大的窗口或窗间墙承受较大的集中荷载(如礼堂、厂房等工程)情况下,窗台墙因反向变形过大而开裂,严重时还会挤坏窗口,影响窗扇的开启。另外,地基如建在冻土层上,由于冻胀作用也会在窗台处发生裂缝。

3)工程设计考虑不合理,引起墙体开裂。设计时没有认真按规范规程要求进行防裂缝设计。在许多工程中,设计虽有防裂缝措施,但与规程要求不完全相符,致使墙体防裂缝得不到有效保障,或使保质年限大大缩短。另外,墙砌体材料强度偏低、不同砌体混合砌筑、砌体强度与砌筑砂浆强度相差过大,或外墙抹灰砂浆强度与墙体强度相差过大、设计方面的不当等都会导致墙体开裂。

4)墙体砌筑质量控制不符合规范要求,引起墙体开裂。①砌体强度低。施工过程中为认真做好材料质量的控制,砖砌体材料强度较设计要求低,或是抗压强度虽达到要求,但因砌体长度较长,砌筑施工完成后,砌体从中间部位自行断裂。②不同强度的砌体混合砌筑施工过程中,使用不同砌体材料作为配套砌块,致使各种砌体组合砌筑,因不同砌体材料强度、热胀冷缩、吸水率等不同引起墙开裂。③砌筑砂浆强度偏低(偏高)。砂浆搅拌过程中,砂浆搅拌不均匀导致有的砂浆强度偏高,有的强度偏低,有的甚至因为黏结材料量太少使强度特低。配料时,若砂量增多,砂浆强度将偏低;若水泥量增多,砂浆强度将偏高;若水量增多,砂浆稠度将降低,砂浆强度偏低,且砂浆干缩量增大,引起灰缝位置开裂。④砌筑用砂浆没有按要求做到随拌随用。砂浆一次性搅拌量过多,存放时间过长,致使砂浆还没有砌前就开始初凝结块,使用时砂浆强度已大幅度降低,严重影响墙体质量,引起裂缝。

(2)墙体裂缝的控制措施。

1)防止温度及干缩裂缝的措施如下。

A. 屋盖上设置保温层或隔热层。

B. 在屋盖的适当部位设置控制缝,其间距为30mm。

C. 当采用现浇混凝土挑檐的长度大于12mm时,宜设置分隔缝,其宽度应大于20mm。

D. 合理设置灰缝钢筋网片,其要求是:①在墙洞口上、下的第一道和第三道灰缝设置钢筋,钢筋伸入洞口每侧长度应大于600mm;②在楼盖标高以上、屋盖标高以下的第二或第三道灰缝及靠近强顶的部位设置钢筋;③灰缝钢筋的间距小于600mm;④灰缝钢筋距楼、屋盖混凝土圈梁或配筋带的距离应大于600mm;⑤灰缝钢筋宜通长设置,当不便通长设置时,允许搭接,搭接长度应大于300mm;⑥灰缝钢筋两端应锚入相交墙或转角墙中,锚固长度应大于300mm;⑦灰缝钢筋应埋入砂浆中,其保护层上下应不小于3mm,外侧小于15mm;⑧配筋时含钢率不小于0.05%,局部截面配筋时含钢率不小于0.3%;⑨设置灰缝钢筋房屋的控制缝的间距应不大于30mm。

E.在顶层圈梁上设置宽40~50mm的遮阳板,防止太阳直接照射钢筋混凝土圈梁,减小因温差产生的应力。

F.对于已经产生温度裂缝的砌体,尽管在通常情况下裂缝不会对建筑物的结构安全造成影响,但裂缝的出现影响了房屋的美观与使用,同时对结构的整体性与耐久性也有影响,因此,裂缝稳定后应及时采取处理措施,对于数量较少且裂缝宽度不大的墙体裂缝,可在消除裂缝部位灰尘、白灰、浮渣及松散层等污物后,采取压力灌浆的办法进行修补;对于数量较多、宽度较大的墙体裂缝,宜将墙面抹灰全部剔除,并在墙面竖灰缝剔除深度不小于10mm的砂浆,清扫墙面灰尘并浇水湿润裂缝,用水泥稠浆封堵裂缝,在砖墙两面分别挂双向φ6@200mm钢筋网片,用φ6穿墙筋勾住两钢筋网片,然后用高强度砂浆抹面。

2)防止地基沉降引起裂缝的措施。

A.合理设置沉降缝。凡不同荷载(高低悬殊的房屋)、长度过大、排名形状较为复杂、同一建筑物地基处理方法不同和有部分地下室的房屋,都应从基础开始分成若干部分并设置沉降缝,使其各自沉降,以减少或防止裂缝产生。

B.加强上部结构的刚度,提高墙体抗剪强度。可在基础(±0.00)处及各楼层门窗口上部设置圈梁,砌体操作过程中严格执行规范规定,如采取砖浇水润湿,改善砂浆和易性,提高砂浆强度、饱满度,增加砖层之间的黏结,施工间断处严禁留直槎等措施,都可大大提高墙体的抗剪强度。

C.加强地基探槽工作。对于复杂的地基,在基槽开挖后应进行普遍钎探,对探出的软弱部位加固处理后,方可进行基础施工。

D.大窗口下部应考虑设混凝土梁,以适应窗台的变形,防止窗台处产生竖直裂缝。为避免多层房屋底层窗台下出现裂缝,除了加强基础整体性外,也可采取通长配筋的方法。另外窗台部位砌筑时不宜使用过多的半砖。在窗洞下增设厚40mm的混凝土带,使山墙两侧一个或两个房间与山墙形成U字形钢筋混凝土带,以解决窗下角裂缝问题,并提高结构的整体性。

E.砌块结构的芯柱通常采用"暗芯柱"做法,混凝土浇筑时无法使用机械振捣,芯柱质量难以保证。为克服这一弊端,改用明构造柱 240mm×240mm 或 240mm×190mm 代替"暗芯柱",并按照要求留置马牙槎和拉结筋,以提高抗震能力,质量也便于检查。

3)从工程设计构造措施着手,有效预防墙体裂缝。强化墙体防裂缝设计的要领与实践总结,严格按规范要求进行墙体设计,确保墙体质量,其具体措施是:①墙体抹灰砂浆中掺一定量纤维,增强抗裂能力;②外墙装修有条件的全部增设钢丝网;③砌体墙留有窗洞的,全部改用混凝土窗台;④墙体砌筑用的材料尽可能使用一种,避免多种材料混合使用;⑤尽可能保证墙体所用砌块、砌筑砂浆、抹灰砂浆的强度、吸水率、热胀冷缩等统一协调、基本一致;⑥在不同材料界面增设钢丝网,管线预埋位置增设抗裂钢丝网。

4)墙体施工中防止裂缝的其他有效措施。

A.砌体施工过程中,应严格做好各种原材料的质量控制,砂浆搅拌应严格按要求进行操作和配料。应提高墙体砌筑砂浆强度等级,以增加砌体的抗拉强度。

B.砌体施工每日砌筑的高度不能超过 1.8m 的规范要求。

C.认真做好墙体装修施工方案,做好平层、面层及各分项施工的技术交底工作。

D.抹灰应按要求分层进行,每层厚度以 8mm 为宜。水泥砂浆和水泥混合砂浆的抹灰层应待前一层凝结后,方可涂抹后一层;石灰砂浆的抹灰层,应待前一层 7~8 成干,方可涂抹后一层。

E.砌体在砌筑过程中严禁打凿,特别是轻质砌体。砌体质量要严格控制好,砂浆要饱满,拉结筋应按规范要求进行留设。

F.采取有效措施加强基层的施工质量管理。预留施工孔洞应按要求留设和封堵。

G.对太厚的局部墙体,要采用加钢丝网的措施来加强。墙体抹灰层采用加钢丝网来抗裂时,应采取有效措施确保钢丝网处于批荡层的中间位置,以利钢丝网充分发挥抗裂作用。

H.混凝土墙体浇筑前,必须搭设可靠的施工平台、走道,施工中应派专人护理钢筋,确保钢筋位置符合施工规范及设计要求。

5)加强对混凝土的养护工作。

A.对已浇筑完毕的混凝土必须按施工规范要求进行养护。应在浇筑完毕后的 12h 以内(终凝后)对混凝土加以覆盖和保湿养护;根据气候条件,淋水次数应能使混凝土处于润湿状态。养护用水应与拌制用水相同;用塑料布覆盖养护,应全面将混凝土盖严,并保持塑料布内有凝结水;日平均气温低于 5℃时,不得淋水。

B. 混凝土养护时间应根据所用水泥品种确定。采用硅酸盐水泥、普通硅酸盐水泥或矿渣硅酸盐水泥拌制的混凝土,养护时间不得少于 7d;对掺用缓凝型外加剂或有抗渗性能要求的混凝土,养护时间不得少于 14d;对不便淋水和覆盖养护的,宜涂刷保护层(如薄膜养护液等)养护,减少混凝土内部的水分蒸发。

通过上述对墙体裂缝的分析可知,房屋建筑墙体裂缝产生的原因复杂多样、影响因素多、控制难度较大,但总体上还是上述几种类型。只要采取全过程控制的方法,从设计到选材和施工都加强管理,严格遵守相关规范和操作规程,就能大大减少墙体裂缝产生的可能性,或将裂缝数量控制在最低程度,从而确保工程施工质量,提高人们的生活水平。

第二节　外墙外保温系统质量控制

1. 建筑外墙外保温系统质量问题的分析处理

在当前,国内采用的外墙外保温系统主要还是聚苯板(EPS 板、XPS 板)薄抹灰系统、现浇混凝土聚苯板(EPS 板、XPS 板)系统(无网体系)、现浇混凝土聚苯板(EPS 板)系统(有网体系)、硬泡聚氨酯喷涂系统、聚氨酯饰面板系统和胶粉聚苯颗粒保温浆料系统 6 类。其中,应用较为普遍的有 3 类,分别为胶粉聚苯颗粒保温浆料系统、XPS 板薄抹灰系统和 EPS 板薄抹灰系统。在这 3 类外墙外保温系统中,又以 EPS 板薄抹灰系统应用最广泛;XPS 板薄抹灰系统质量最好,但挤塑板(XPS)比模塑板(EPS)价格偏高,使得其应用范围受到一定影响;而胶粉聚苯颗粒保温浆料系统由于其导热系数大[最大可达 0.060(W/m·K)],施工工艺繁杂,且价格相对较高,实际应用已越来越少。

外墙外保温系统在欧洲已有 40 余年的应用历史,在我国,该项工作的试点始于 20 世纪 80 年代中后期,而真正的普及应用还是在 21 世纪初期。由于此项技术起步相对较晚,发展水平同发达国家相比还有一些差距,在实际应用中还存在许多亟待解决的问题,若不及时采取有效的应对措施,将会对起步时间不长的保温节能工作造成不良影响。

（1）外墙外保温系统质量反映出的问题。外墙外保温系统的检测包括：原材料的检测和现场的拉拔试验两部分内容，其中现场的拉拔试验主要是进行墙体与黏结砂浆的黏结强度、保温层与黏结砂浆的黏结强度及保护层与保温层的黏结强度检测。克拉玛依地区在近些年开展外墙保温系统施工时，针对不同类别材质，分别从原材料和现场检测着手，加强质量控制。但从当时的施工用原材料委托送检和现场抽查检测的情况来看，其少数结果仍不尽人意。当时着力推广应用胶粉聚苯颗粒保温浆料系统和 EPS 板薄抹灰系统，但合格的工程相对较多；而 XPS 板薄抹灰系统虽较少使用，但现场抽查检测结果显示，其质量均可达到规范要求。关于外墙外保温工程施工质量合格率达不到 100％ 的问题，通过对原材料检测和现场检测分析及实地调查，归纳为以下几个方面的原因。

1）思想重视远不够：大多数施工企业对外墙外保温施工质量的重要性缺乏正确认识，认为其不是主体结构工程，不会造成严重后果，因此只保证建筑物的结构没有问题，这是造成外墙外保温工程施工质量合格率低的主要症结所在。

外墙外保温工程施工通常有两种类型：一是中标企业自己组织施工，由于施工人员没有经过专门的培训和学习，现场技术员对这方面的知识也是一知半解，也没有专业人员在现场指导，因此，施工质量得不到保证；二是将外墙外保温工程分包给当地的非专业施工队伍，其不具备专业施工资质目前采用的薄抹灰外墙外保温体系，大多是由施工单位（包括分包）自行采购各种原材料成品或半成品自行配制的。因此，如何执行《外墙外保温技术规程》（JGJ 144—2004）（以下简称《规程》）中第 5.0.1 条"设计选用外保温系统时，不得更改系统构造和组成材料"，就成了一个非常现实的问题。《规程》第 5.0.11 条规定："外保温工程施工期间以及完工后 24h 内，基层及环境空气温度不应低于 5℃。夏季应避免阳光暴晒。在 5 级及其以上大风天气和雨天不得施工。"而许多施工单位为了赶进度，不论寒冬酷暑，不停歇地施工，并且也不采取任何应对措施，因此，工程施工质量也就无法得到保证。

2）市场无序竞争导致产品质量下降：目前，外墙外保温工程使用的各种保温材料大多由当地的小型生产厂家供应，产品质量参差不齐。由于市场合格产品的价格要远远高于劣质品，有的开发商和施工单位为了追求利润，明明知道不是合格品，仍照用不误。保温材料市场的不正当竞争也严重影响了产品质量。受众多小型生产厂家甚至小作坊产品的冲击，产品恶性压价情况严重，生产厂家为了赢利，有的甚至通过偷工减料来维持正常运作。原材料本身质量存在的问题，主要集中在以下几个方面。

A. 保温板的质量问题：主要体现在表观密度不够和阻燃性能不达标两个方面。表观密度不够主要是生产厂家对配方中原材料偷工减料造成的；阻燃性能不达标主要是阻燃剂少掺或不掺所致。此外，生产出来的保温板没有按规定要求的时间进行陈化，生产后就直接进入施工现场，也会导致外墙外保温系统的不合格现象。

B. 耐碱网格布的选择：《耐碱玻璃纤维网格布》（JC/T 841—2007）（以下简称《网格布》）修改了产品名称和代号；取消了产品规格的要求，改为由供需双方商定；将网孔中心距改为经纬密度；依据产品单位面积质量对其拉伸断裂强力做了规定；增加了断裂伸长率和耐碱性要求，将原规定的强力保留率不得小于50％提高到不小于75％；将外观质量按百米扣分改为以主要疵点和次要疵点判定；修改了批判定的规则。然而，有些生产厂家依然我行我素，按照旧的产品标准生产和标识，致使生产出来的产品质量达不到标准的要求。有些耐碱网格布根本就不具有耐碱性，一经碱溶液浸泡，耐碱拉伸断裂强力损失特别明显；有的强力保留率低于75％，甚至低于50％，根本不满足《规程》要求。实际上，在有碱腐蚀的地区，产品的耐碱性能是非常重要的。

C. 镀锌钢丝网的选择：在进行外墙保温现场检测的时候，发现大部分的镀锌钢丝网已经锈蚀。经核查，所有钢丝网"三证"齐全，从施工到现场检测也就间隔1个多月的时间。因此，对外墙保温工程质量深感担忧的同时，其齐全的"三证"也难以让人相信。

D. 黏结砂浆和抹面砂浆质量问题：外墙保温工程所用的黏结砂浆和抹面砂浆为专用产品，是加工好的成品，直接加水拌和就可以使用。而有的施工单位在专用砂浆中掺入大量的砂子，偷工减料，并将大部分的专用砂浆搁置在工地上，用来应付监督和检查。现场抗拉试验中，时常出现从界面断开而非保温层断裂的现象。从上述现状看，这个问题的出现无可厚非。

（2）质量检测工作存在的问题。

1）质量检测委托工作超前或滞后带来的不利影响：一些施工单位一味地追求施工进度，使用的原材料尤其是保温板没有经过合理的陈伏期，保护层施工刚结束就委托进行现场拉拔试验。由于在温度低时，胶粘剂本身尚未完全干燥固化，因此，质量检测委托工作的超前，不仅不符合《规程》"保护层施工完成28d后进行"

的规定,而且检测极易出现不合格的结果。

还有一些施工单位,一味地节省检测成本,忽视了正常的委托检测,等到检测单位进行现场检测时,外墙外保温工程已经接近尾声或完工。按照正常的检测程序,对外墙外保温系统黏结强度现场检测3项内容,如果质量检测委托工作滞后,可能需要破坏一部分已经施工完毕的保温结构。

2)现场检测条件对检测结果的影响:外墙外保温系统现场检测,按规定应在进行过外保温处理的外墙上随机抽检,如果质量检测委托工作明显滞后,如现场检测时外墙外保温施工已经完工,脚手架及安全防护等均已拆除,此时,出于安全和操作方面的考虑,通常把检测点定在底层或窗台、阳台等部位,这样检测点的选择就有一定的局限性,对外墙外保温系统的实际质量不具有完全的代表性。

(3)检测方法、检测水平、仪器设备及结果评定问题。

1)检测方法选择存在的问题:现以胶粘剂和抹面胶浆为例,国家建材行业标准《外墙外保温用膨胀聚苯乙烯板抹面胶浆》(JC/T 993—2006)和《墙体保温用膨胀聚苯乙烯板胶粘剂》将(JC/T 992—2006)规定,将填涂胶粘剂、抹面胶浆的水泥砂浆试件在(23±2)℃的水中浸泡7d,将试样胶粘剂、抹面胶浆层向下,浸入水中2~10mm,到期取出试件,擦拭表面水分后进行试验。而国家建筑工程行业标准《膨胀聚苯板薄抹灰外墙外保温系统》(JG 149—2003)规定,将填涂胶粘剂、抹面胶浆层向上,水平置于标准砂浆上面,然后注水到距砂浆表面5mm处,静置7d后取出试件并侧面放置,在(50±3)℃恒温干燥箱内干燥24h,然后在试验条件下放置24h后进行试验。两种标准方法的不同,导致试验结果存在较大差异。胶粘剂、抹面胶浆是在外墙外保温系统的保温层的两侧,外部有饰面层的保护。在实际使用时,水的渗透是通过饰面层再渗透到胶粘剂、抹面胶浆层,而不是完全浸泡在水中。根据试验条件和实际使用条件接近的原则,笔者认为选择第二种标准进行检测较为合理。同样,耐碱玻璃纤维网格布的检测也存在类似问题。现在大多试验检测机构采用的检测依据是《规程》,所以对于耐碱玻璃纤维网格布的经向和纬向耐碱强力及强力保留率指标也都是依据该标准强制性条文第4.0.10条的规定,没有针对不同产品单位面积质量对其拉伸断裂强力进行分类判定,违背了现行《网格布》的规定。因此,在产品名称代号的表述、检测项目和质量指标及判定规则上,也就出现了一系列错误。

2)检测水平、仪器设备存在的问题。

A. 对原材料进行检测时,由于仪器设备本身的问题或人为操作不当,造成试验加荷速度不规范,导致检测结果不准确。不同材料的强度试验对加荷速度的要求也不尽相同,有些仪器本身不具备调速功能,如果加荷速度不符合试验规程规定,试验结果就会产生较大的偏差。

导热系数是保温材料检测的重要指标,也是评价保温材料绝热性能的主要依据。目前,导热系数的测定主要有两种方法,即防护热板法和热流计法。防护热板法受其他因素影响较大,依据《绝热材料稳态热阻及有关特性的测定防护热板法》(GB 10294—1988)规定,平板导热仪应配备标准板(为中碱玻璃)和可施加恒定压紧力(一般不大于 2.5kPa)的装置,以改善试件与板的热接触或在板间保持一个准确的间距。但由于目前多数仪器未配备可显示恒定压紧力的装置,试验者无从判断压紧力的大小,因此,由于压紧力大小的差异,导致试件测得的厚度不同,给导热系数测定结果带来误差。标准板本身的质量不标准,或仪器标定时受压紧力的影响,校正系数的不确定性增加,给样品导热系数再次带来误差。

B. 试件制作及试验过程中的问题:对外墙外保温系统原材料进行检测时,大部分试件由检测单位的试验员制作和养护,试件制作的均匀性、一致性和养护条件,对检测结果有着直接的影响。因此,试件制作应符合相关规程要求且在试验过程中将细节控制到位,否则会产生较大的偏移。例如,对耐碱玻璃纤维网格布的检测,《规程》强制性条文第 4.0.10 条规定,耐碱玻璃纤维网格布经向和纬向耐碱强力不得小于 750N/50mm,强力保留率不得低于 50%。《网格布》依据产品单位面积质量对其拉伸断裂强力做了规定,增加了一些要求。因此,检测在满足《规程》的同时,更应该满足现行《网格布》的要求。标称单位面积质量每增加 $10\sim20g/m^2$,纬向和经向拉伸断裂强力约增加 100N/50mm。当产品标称单位面积质量大于 $331g/m^2$ 时,其纬向和经向拉伸断裂强力要求值要大于 2200N/50mm,远高于《规程》强制性条文第 4.0.10 条 750N/50mm 的规定;当产品标称单位面积质量不大于 $100g/m^2$ 时,其拉伸断裂强力要求值仅为 700N/50mm,又不满足《规程》的规定。因此,笔者认为,《规程》强制性条文第 4.0.10 条"一刀切"的规定欠妥,建议修订时予以修改,以保证两个标准的一致性。

现实中由于试件制作的不规范及试验过程的细节控制不到位,会引起较大的偏差,使一个本来合格的耐碱玻璃纤维网格布,可能出现"合格"和"不合格"两种截然不同的结果。这是由于制样不规整,会导致拉伸时仅部分"丝条"受力,最终结果远比实际的要低;还有夹头部分夹得太松易打滑,夹得过紧易对夹头部分试件造成损伤,容易出现试验结果无效或偏低的情形。《规程》附录 B 规定,现场试验方法按《建筑工程饰面砖黏结强度检验标准》(JGJ 110—2008)要求,断缝应以胶粘剂或界面剂将砂浆表面切割至基层表面为准。通常由于试验人员的疏忽,导致黏结面切割不到位,致使实际受力范围偏大,造成实际检测结果值偏大。另外,有时黏结面切割位置不准确,导致实际受力范围偏大或偏小,最终造成检测结果偏离其实际值。

C.耐候性试验问题:外墙外保温工程质量使用寿命预定目标至少为 25 年,是基于以上这些技术指标都合格。由于外墙外保温工程在实际使用中热应力作用明显,保护层温度夏季可高达 80℃,持续高温后突降暴雨,可使其表面温差高达 50℃以上。高温、紫外线辐射及周期性的热湿和热冷等气候长期作用,会大大加速保护层的老化。耐候性试验是检验和评价外墙外保温系统质量的最重要的试验项目,与实际工程质量具有较好的相关性。

为了确保外墙外保温系统在正常使用和维护条件下的预期寿命,耐候性试验必不可少而且势在必行。

(4)检测结果评定及应对措施。

1)对某些检测结果的评定方法需改进,如对苯板表观密度的检测,《规程》第 A.8.1 条规定"应为 $18 \sim 22 \mathrm{kg/m^3}$",当遇到设计值与《规程》范围不符时,是按照《规程》判定,还是按设计标准判定,就成了一个问题。基于设计标准是依据有关具体的节能要求进行核准的,因此,笔者的观点是倾向于按设计标准判定。同时,建议将《规程》第 A.8.1 条规定中的"应"改为"宜",或者只限定下限值更为妥当。针对目前《规程》与设计的某些不统一问题,在其出具检测报告时,应当对表观密度按设计标准进行单独评定。

2)宜采取的应对措施。

A.大力宣传保温节能工作的重要性,加大节能减排财政资金支持力度,积极争取节能减排项目专项资金支持,将建筑领域节能降耗目标纳入节能目标考核范围,有针对性地加大相关人员技术技能的培训,提高总体技术水平。

B.对外墙外保温原材料生产实行严格市场准入制和备案制,未经备案许可的产品不得进入市场,更不能在工程中使用。备案生产厂家的产品进入现场后,再次进行抽检,从源头上把好质量关。

C. 强化现场施工指导、质量监督和质量检测工作,在最终的工程竣工验收前进行保温节能专项检查验收。在实际检测工作中,必须要求施工单位搭建好脚手架及安全防护等设施,满足检测单位进行随机抽检的需求,确保检测数据的科学、公正和有效性。

D. 施工企业和相关质量监督职能部门、监理机构和检测单位应加强沟通协调和交流,根据施工现状和检测质量情况,及时进行分析总结,以不断完善和创新施工工法,提高施工质量。

2. 外墙外保温施工质量技术

自 20 世纪 80 年代末期至今,随着对建筑节能工作的重视和管理力度的加大,在学习、总结、引进先进技术的基础上,外墙外保温技术的研发取得了重大发展,其应用技术逐步完善。外墙外保温即是指在外围护垂直立面的表层进行保温层处理。常见的外墙外保温施工方法可分为外墙外保温和外墙内保温两种做法。从实践中对两种方法进行比较,外墙外保温技术又具有明显的优势。下面对外墙外保温的优越性及常见施工方法和质量控制措施要求进行浅述。

(1)外墙外保温的优势。采用外墙外保温技术可使内部砖墙或者砌块受到保护,室外气候不断变化引起墙体内部较大的温度变化发生在外保温层内,使内部墙体温度提高,湿度降低趋于平缓,热应力减少,对主体墙的变形或裂缝产生损坏的概率大大降低,耐久性延长。同时由于外保温技术有利于加快施工进度,可以与室内工程同时施工。居住者在搬入前要进行先装修,在装修时对内墙面进行处理,会破坏内保温层,外饰保温层则无这个问题。外保温技术可以避免冷热桥现象的产生,在冬季冷桥不仅会造成大量热损失,还可以使外表面潮湿结露,对节能十分明显,在采暖期同样厚度的保温材料条件下,外保温要比内保温减少约 1/5 的热损失。内保温的墙面上吊挂物件极其不易,如安装窗帘盒等,而外保温则不存在此问题,更有效的是外保温技术可比内保温技术增加约 2% 的建筑面积,降低单位面积造价。

(2)外保温常见的工艺方法。设计不同的外保温体系,其材料及构造措施和施工工艺各有一定的差异。但基本是外墙外保温体系对保温材料的要求是热阻值要高,吸湿率要低,黏结性能要好,收缩率要小。目前常采用的外保温材料主要有膨胀型聚苯乙烯(EPS)板、挤塑型聚苯乙烯(XPS)板、岩棉板、玻璃棉毡及轻型保温浆料等。对这些材料的施工质量控制分别分析如下。

1)保温板材的施工方法。

A.施工条件:基层验收必须合格,外墙各种管线需安装完毕,门窗框需安装到位。施工现场环境温度和基层墙体表面温度,在施工时及施工后的 24h 不得低于 5℃,风力小于 5 级。基层表面必须干净、坚硬、无杂质和松动,无空鼓起砂及油污;在粘贴时避免阳光直射,也可以在脚手架上临时遮挡;刚贴完的保温层遇到雨水时要采取有效措施,防止雨水冲刷表面。

B.施工工艺流程:保温板的固定→打磨→压埋耐碱网格布→细部修补→饰面层施工。

C.保温系统的组成:外墙外保温体系主要分为两层,最外层是将网格布压入聚合物做面层,里层黏结保温板作为保温层。对保温层的固定,与基层墙体牢固结合是确保外墙外保温层稳定性的重要环节。不同的外保温体系采取的固定保温板的方法不尽相同,如可采取黏结或锚固方法,也可以两者结合固定。还有的将保温板安装在模板内,通过浇筑混凝土加以固定。

D.面层的 3 种基本做法:是薄面层聚合物抗裂砂浆抹灰、厚面层水泥砂浆抹灰及在龙骨上吊挂薄板饰面层。

薄面层聚合物抗裂砂浆抹灰施工法:在保温层的所有外表面上刮抹聚合物水泥砂浆,直接涂抹在保温层的为底涂层,厚度小于 5mm,内部有加强材料。加强材料目前用的是耐碱玻璃网格布,包含在抹灰面层内,与抹灰面层结合为一体,用来改善抹灰层的结构强度,分散面层温度及收缩应力,防止开裂。网格布必须完全压入底灰层内,使其不与自然界水分接触而降低耐久性。不同的外保温体系,面层的厚度也存在差异,但总体要求的面层厚度要适宜,如果厚度过薄,则强度不够,就无法抵御可能出现的外力撞击,如果过厚,加强材料距面层过远,又难以起到抗裂作用。

厚面层水泥砂浆抹灰施工法:在保温层的外表面上涂抹水泥砂浆,厚度一般在 25mm 左右为宜。其内部加强材料一般使用的是镀锌钢丝网,通过交叉斜插入板内的钢丝或塑料锚固钉固定。抹灰前在保温板表面喷涂界面处理剂以使黏结牢固。抹灰用水泥砂浆强度要适宜,用 42.5 级普通硅酸盐水泥,干净中砂配合,比例以 1∶2.5 为宜。抹灰必须分层进行,底层和中层灰厚度各应小于 10mm,中层灰厚度应正好覆盖住钢丝网片。面层砂浆宜用聚合物水泥砂浆,厚度大于 5mm,各层抹灰应在上层终凝后进行,并洒水养护湿润。由于抹灰层较厚,其重量产生的荷载可通过一端固定在抹灰层内,以另一端锚固入主体墙中的钢筋做联杆,传递到主体结构层内。联杆可以垂直于墙面,也可以与墙面形成一定的夹角。同时为了便于在抹灰层表面进行装饰施工,加强相互之间的黏结,有些还要在抹灰层表面喷涂界面剂,形成极薄涂层,在上面进行装饰施工。在外表面喷涂耐候性、防水性和弹性好的涂料,也对面层和保护层起到良好的保护作用。

在龙骨上吊挂薄板饰面层:有的工程采用硬质塑料、纤维增强水泥、纤维增强硅酸盐板材料作为覆面材料,用挂钩、插销或螺钉固定在墙龙骨上,龙骨是各种金属材料制作,在墙体外用金属属件焊接固定。

2)网格布压入做面层的施工方法是最外层采用网格布压入聚合物做面层,里层粘贴保温板作为保温层的外保温施工方法。

A.粘贴阻燃型保温板。粘贴保温板应自下而上逐块进行,上下两层沿水平方向错开板缝。标准板块外观尺寸为 600mm×1200mm,用抹子在每块保温板周边涂上宽约 50mm、厚为 8mm 的胶粘剂,然后在保温板同一侧中间均匀刮上 8 处直径为 100mm、厚约 8mm 的黏结块,此黏结块要涂抹均匀,每块保温板粘贴胶面积不少于 30%。涂抹好的保温板应立即粘贴在墙面上,不得将涂抹好胶粘剂的保温板放置待用,防止胶粘剂结皮,失去黏结效力。保温板黏结在墙面上后,要用 2m 长的直尺敲击平整,保证表面平整且黏结牢固。板与板之间要错开缝,如果因保温板不方正或裁切不直形成缝隙,要用保温板条塞入并打磨平整。在墙阴阳角处,要先排好尺寸再裁剪保温板,使得在粘贴时垂直交错,使阴阳角处顺直。同样在粘贴窗框洞口、四周阳角和外墙阳角时,应提前弹好基准线,以控制阳角垂直线。在门窗洞口处贴保温板时,要将保温板头用玻璃纤维布和胶粘剂包裹,此时才能允许半边涂抹上胶粘剂。保温板缝隙要干净,不要有胶粘剂残留。

B.打磨,在保温板粘贴定位 4h 以后,在胶粘剂强度达到一定时,用专门打磨工具对保温板面不平整处进行打磨,打磨动作应做轻柔的圆周运动,不要沿着保温板接缝平行方向打磨。上述工作完成后,再在保温板板上依据图纸要求在窗上、下口用开槽机开出凹线槽。

C.耐碱网格布施工。在大面积压埋耐碱玻璃纤维网格布前,先将所有凹槽部分的胶粘剂及网格布压入完成,注意留出搭接余量。大面积粘贴网格布肘,应先在贴好的保温板上刮一层配好的胶粘剂,立即将网格布压入胶粘剂中,网格布弯曲的面朝里,再用抹子将网格布赶平压入胶粘剂内,不得外露,网格布要自然伸展,不要拉紧。网格布的搭接长度要大于50mm,在第一道完全干燥后即可抹第二遍胶粘剂,胶粘剂厚度以2.5mm最佳。网格布压入胶粘剂后,应不露网印,表面平整。对于门窗及其他洞口四周的保温按上述要求进行,对于不平整处,用小刷子进行修补。

D. 脚手架补洞处理。当脚手架与墙体连接点拆除后,要及时对连接点孔洞进行处理,根据洞的大小用水泥砂浆认真修补、抹平。再预裁一块与洞口尺寸相同的保温板并打磨其边缘,在背面涂抹8mm厚胶粘剂,把保温板贴在基层上,应注意四周不要挤出胶粘剂以污染周边。切一片加强网格布,其大小要覆盖洞周围区域,与原有的网格布搭接50mm重叠埋入。再在保温板上涂胶粘剂并埋加强网格布,一定要防止对周边表面的污染。

3) 保温砂浆的施工方法。轻骨料保温砂浆一般为颗粒粉状,以无机硅酸盐材料和聚苯乙烯泡沫颗粒为主要轻骨料,配以多种外加剂,是用新工艺复合而成的一种新型外墙保温材料。

A. 材料特点:其材料性能稳定,密度小,导热系数低,保温隔热性能好;抗压强度高;施工简便,现场加水充分搅拌即可获得和易性好、保水性强和黏结性高的砂浆。对基底材料要进行界面处理才能黏结牢固,不产生空鼓。同时可以大幅度提高抹灰速度,节省时间费用。

B. 施工工艺流程:门窗框四周堵塞缝→基层处理→吊垂线做灰饼充筋→抹界面浆→抹保温砂浆→检查垂直平整度→养护→安装分格条→抹面层砂浆→养护→饰面层施工→自检查→报验收。

C. 施工质量控制。清理基层并洒水湿润。清扫墙上浮尘和油污,并处理平整度高低不平部分;洒水湿润表面并不得有漏点;用界面剂或掺有801胶的水泥浆刮平所有混凝土表面。按照设计要求的厚度做灰饼并冲筋,待灰饼及冲筋达到一定强度后再进行保温砂浆的施工。要参考水料重量比0.8~0.9,在砂浆搅拌机中加入保温干混料和水,搅拌时间在7min以上,使砂浆充分均匀黏结并有微量气泡产生。

D. 抹灰及压光工艺:在两筋之间用力压抹,抹灰厚度以标筋为准,但每层厚度不能大于10mm。层与层之间的抹灰间隔时间以底灰达到干燥时为佳。用抹子压实并搓毛后再用木工尺按标筋刮面,不平处补抹保温砂浆直至平整度合格。

E. 接槎处理。在保温砂浆与普通砂浆的接槎处,其缝应留置在普通砂浆的墙面内并距墙角 200mm 以上,接槎处应在普通砂浆与保温砂浆两边,并设置 200mm 的玻璃纤维布压实。

F. 罩面:外墙外保温在雨天不宜施工,外保温需做防裂砂浆罩面处理。

(3)外保温体系的性能要求。

1)保温性能:外墙外保温质量的一个关键性指标。对此应按照所使用材料的实际热工性能,经过热工计算求得需要的厚度,以满足节能设计标准对当地建筑的要求。同时还要采取适当的建筑构造措施,避免可能产生的冷桥问题。一般而言,永久性的机械锚固、临时性锚固以至于穿墙管道,或者外墙上的附着物固定点,往往会是热桥的部位。在设计和施工中,应力求不要使这些热桥对外墙的保温性产生明显影响,也不致今后产生影响墙面观感质量的可能。

当外墙外保温体系采用钢丝网架与聚苯乙烯或岩棉板组合的保温板材时,其保温性能应根据实际构造及组成材料的热工性能参数经计算或测试确定。保温层厚度应考虑穿过的钢丝及其他冷桥的影响。

2)稳定性:与基层墙体牢固结合,是确保外保温层稳定性的可靠保证。对于新建墙体表面处理工作比较容易些,而对于既有建筑,必须对其面层状态进行认真检查。如果表面存在松散、空鼓情况,要切实处理到位,以确保保温层与墙体的牢固结合。外保温系统应能抵抗一些综合因素的影响。当出现不利的温度与湿度条件时,其承受风力、自重及正常碰撞内外力相结合的负载,应保证其仍然不至于与基底分离、脱落。保温板用胶粘剂或机械锚固时,必须满足在所在地区最大风力及潮湿状态下,仍保持稳定性。胶粘剂必须耐水,机械锚杆要耐腐蚀。

3)热湿性能。

A. 水密性:外保温墙体的表面,包括面层、接缝处、孔洞周围及门窗洞口等部位,应采取密封措施,使其有良好的防水性能,避免雨水进入内部造成损坏。应用多孔面层或者面层中存在缝隙,以免在雨水渗入和冬季受冻条件下,不易遭受冻害损失。

B. 墙内结凝:在墙体内部或是保温层内部结凝都是极其有害的,应采取有效措施加以预防。在新建墙体干燥过程中,或者在冬季条件下,当室内温度较高一侧的水蒸气向室外迁移时,墙内可能会结凝。当室内湿度较低及内墙面隔气状态良好时,可以避免由于墙内水蒸气迁移所产生的凝结现象。通过结凝计算可以得出在一定气候条件下(室内外温度及湿度),某种结构的墙体在不同层次处的水蒸气渗透情况。当外保温体系用于长期湿度极高的房屋外墙时,特别要重视墙体的构造设计,以避免内凝结的形成。

C. 温度效应:外保温墙体应能经受当地最严酷的气候及其变化影响。无论是高温还是严寒的气候条件,都不应使外保温体系产生不可逆的损害及变形。外墙外表面保温的剧烈变化,如长时间高温日晒或突然下暴雨,均会对外墙外表面保温层产生损害。为避免表面因温度变化而产生变形使保温层裂缝,应设置变形缝处理。变形缝的设置可根据建筑物的立面情况,6m 或 7m 见方留置缝。

D. 耐撞击性能:外墙外保温体系应能经受正常交通来往人员及搬运材料的碰撞影响力。在经受一般偶然性或者人为故意碰撞时,不致对外保温体系造成损害,如在其表面安装空调或用常规方法放维修设备时,面层应不开裂损伤。

E. 受结构主体变形的影响:当所附着的主体结构产生正常变形,如出现收缩、徐变及膨胀等情况时,外保温体系不致产生任何裂缝或脱落现象。

4) 耐火性能:外墙外保温体系尽管处于外墙面,但是防火灾隐患仍然不可轻视。当采用膨胀聚乙烯板作为外保温材料时,要采用阻燃型板材;其表面及其门窗洞口侧面,必须全部用防火材料严密包裹,不要有露出部分。当建筑物高度达到一定时,需要有专门的防火构造处理。例如,每隔一层设一道防火隔离带,在每个防火隔离带处或门窗洞口,网格布及面层砂浆应折转至砖墙或混凝土墙体并做固定,以保护膨胀聚乙烯保温板,避免火灾蔓延。采取厚层抹灰面层有利于提高保温层的耐火性能。

5) 耐久性能:外墙外保温体系构造的平均寿命,在正常使用和维护的条件下应该在 25 年或更长。这就要求外墙外保温体系的各种组成材料(如保温材料、胶粘剂、固定件、加强材料、面层材料、隔气材料及密封材料等)具有化学与物理稳定性。所有材料所具有的性能,或通过防护处理,应做到在结构的寿命期内,在正常使用条件下,由于干燥、潮湿或电化腐蚀,以及昆虫、真菌或藻类生长,或由于动物的破坏等原因侵袭,都不应该受到损坏。所有材料相互之间应当相容,所用材料与面层抹灰质量,都应当符合现行国家规范及标准的质量规定。

综上所述,当前国内外墙外保温技术得到更迅速的发展,已经出现了多种外墙外保温技术。有利于推进节能工作的持续向前发展。在施工应用中应采用先进的管理方法和可行的施工工艺措施,不断总结并提高,保证外墙外保温技术进入一个更加可靠、质量得到提升的阶段。

3. 外保温施工质量的重要措施

在绿色、低碳及节能政策的推动下,我国的建筑节能工作发展快速,建筑节能标准、法规、政策及措施不断完善,建筑节能的新材料、新技术及新产品开发成果不断完善,按相关节能设计标准、施工节能建筑的比例不断提升。然而,近年来部分建筑物的外墙外保温工程陆续出现了一些质量问题,最常见的问题有外保温工程防护抹面层开裂、空鼓、脱落,甚至保温板脱落。例如,2008 年建成的某学校体育馆,2010 年就出现局部保温层脱落现象。这些质量问题不但严重影响外保温工程使用寿命和建筑节能效果,而且影响到建筑的美观性,甚至安全性。出现此类质量问题的直接原因:一是外保温系统与组成材料性能不匹配及组成材料不合格,二是施工程序不规范,质量控制措施不到位。

由于外保温系统构造层次多,施工技术相对复杂,对材料性能和系统耐候性要求高,而且影响外保温工程质量的因素较多(如基层墙体表面状况、胶粘剂黏结强度、纤维网格布耐碱程度、抗裂砂浆抹面层厚度、施工程序和施工技术的掌握等方面),加之这些对施工人员而言,属于新型建筑材料和新的施工方法,目前建筑领域施工人员流动性大,对近些年建筑节能专项检查结果进行分析,外墙外保温工程确实仍然存在很多施工不规范,甚至随意操作现象的现象,因此,仍需要切实加强对外墙保温施工人员的岗位技能培训。

(1)施工准备和施工条件:为确保外墙外保温工程施工质量,应充分做好施工准备工作,并在符合施工条件要求的条件下,组织科学、规范的施工操作,其具体做法如下。

1)必须通过技术交底熟悉设计文件、外保温系统施工要求、施工内容,熟悉施工作业环境,制订外墙外保温工程施工技术方案。根据工程量、施工部位和工期要求,科学、合理地组织施工。因外墙外保温工程对建筑节能的重要性及施工程序和施工方法的复杂性,《建筑节能工程施工质量验收规范》明确要求"建筑节能工程施工前,施工单位应编制建筑节能工程施工方案并经监理单位审查批准"。外保温工程施工技术方案应包括编制依据、工程项目概况、建筑节能标准、外保温系统类型、保温系统及组成材料的性能要求、选用的节能构造标准图集、施工准备、施工工艺及程序、特殊部位的保温构造、施工质量控制要点、施工质量检验、施工安全措施等。通过必要的组织、培训、学习和编制外保温工程专项施工技术方案,可促使施工技术人员深入了解外保温系统相关知识,熟悉施工程序和施工方法,明确施工要点及质量控制措施,掌握外保温工程施工技术要求,强化施工质量意识。所以,施工技术方案是指导和规范外保温工程施工的纲领性文件,施工单位应认真编制并在施工中严格执行。

2)墙体基层处理直接影响保温工程施工质量和耐久性,必须剔除原混凝土残浆、胀模、预埋件、铁丝等,使墙体表面无油污、疏松、裂缝、粉化等现象。表面经处理且满足施工条件后方可进行粘贴EPS保温板的施工,若是混凝土表面,还要进行界面处理。

3)施工用脚手架安设完毕,横竖杆距墙面、墙角的间距应满足保温层厚度和施工操作要求,并经过专业安全人员检查合格。

4)严格做好防火安全工作。进入施工现场的EPS保温板最好存放在由不燃材料搭设的库房中。露天存放时,不燃材料应完全覆盖,且附近不得放置易燃、易爆等危险品,周围及上空不得有明火作业。外保温工程施工时,必须严防明火隐患。

5)外墙表面上的所有安装件必须及早完成,如雨水管卡、预埋铁件、空调主机埋件等应提前安装完毕,并预留外保温层厚度。

6)重视环境气候的影响,施工作业期间环境温度不应低于5℃,风力不大于5级。雨期施工应做好防雨措施,且雨天不得施工。

(2)施工工艺流程:EPS板薄抹灰系统施工工艺流程如图3-9所示。

从施工工艺流程图中可直观地看出,外保温系统的施工程序和施工方法的节点十

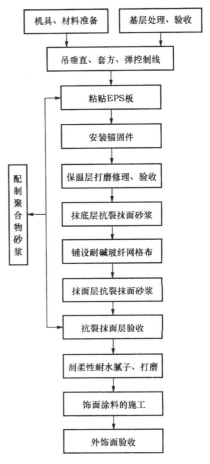

图3-9　基层墙体胶粘剂EPS保温板玻纤网薄抹面层

分清楚。掌握施工工艺流程对保证外保温工程施工质量非常必要。

(3)施工质量控制要点:在掌握施工工艺、熟悉施工程序的基础上,更重要的是明确施工操作技术要求,将质量意识和质量控制措施落实到施工过程的每一个

工序环节。

1)基层处理:基层墙体垂直、平整度应经过验收,达到结构工程质量要求。墙表面应无浮土、油污、空鼓、松动及风化部分,应剔除墙表面凸出部分。对粘贴 EPS 板的施工及对基层墙体表面的处理验收,应符合设计文件和外保温工程施工技术方案的要求,并满足施工条件后方能进行。这是提高 EPS 板与基层墙体黏结强度必不可少且不可降低的技术要求。

2)材料准备:①对于黏结胶浆的配制,根据胶粘剂供应商提供的配比在干净容器中加入清水,用低速搅拌器搅拌成均匀的糊状胶浆,胶浆净置 5min。使用前再搅拌一次使其具有适宜的黏稠度。黏结胶浆应随用随搅拌,已搅拌好的胶浆料必须在 2h 内用完。②聚苯板的切割:应尽量使用标准尺寸的聚苯板,当需使用非标准尺寸的聚苯板时,应采用电热丝切割器或专业刀具进行切割加工。③网格布的准备:应根据工作面的要求剪裁网格布,网格布应留出搭接长度。墙面的搭接长度为 100mm,阴阳角的搭接长度均为 200mm。

3)翻包网格布,应在以下各墙体尽端部位铺贴翻包网:门窗洞口、管道或其他设备需穿墙的洞口处;勒脚、阳台、雨篷、空调板等系统的尽端部位;变形缝等需要终止系统的部位;女儿墙顶部的装饰构件。压入黏结胶浆内的一端需达到 100mm,余下的部分甩出备用,并应保持清洁;压入黏结胶浆内的标准网格布必须完全嵌入胶浆中,不允许有网眼外露。根据图纸,首先沿着外墙散水标高弹好散水水平线;需设置系统变形缝时,应在墙面弹出变形缝线及变形缝宽度线。

4)粘贴保温板:一般有两种粘法,即点框粘法和满粘法。从保证 EPS 板粘贴质量考虑,最好采用满粘法。满粘法不仅可提高 EPS 板与基层墙体的黏结强度,而且利于提高外保温系统的防火安全性能。因为点框粘法中空腔构造的存在可能为系统中保温材料的燃烧及火焰的蔓延提供所需的氧,因此阴阳角处的施工是保温工程施工的难点,必须先将阴阳角处的保温板错缝贴好,聚苯板应垂直交错连接,保证拐角处板材安装垂直,如图 3-10 所示。

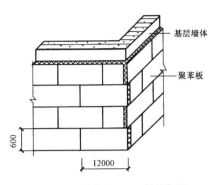

图 3-10　墙角处 EPS 板排板图

　　粘贴聚苯板时应操作迅速,在聚苯板安装就位之前,黏结胶浆不得有结皮;聚苯板的接缝应紧密、平齐,仅在聚苯板边需翻包网格布时,才可以在聚苯板的侧面涂抹黏结胶浆,其他情况下(包括嵌缝用的 EPS 板条)均不得在聚苯板侧面涂抹黏结胶浆或挤入黏结胶浆,以免引起开裂。门、窗等洞口四角处是应力集中部位,应采用整块聚苯板裁成刀把形,聚苯板的拼接板缝必须至少距离门窗洞口角部200mm。需要强调的是,即使采用黏、锚结合的方法固定 EPS 保温板,也不应降低胶粘剂涂抹面积和拉伸黏结强度的要求,因为锚栓只是起辅助固定作用。

　　5)铺贴网格布:先检查聚苯板是否干燥,表面是否平整,并去除板面的有害物质、杂质或表面变质部分。在铺贴网格布时,先在聚苯板表面均匀涂抹一层厚度为2~3mm、面积略大于裁剪好的网格布的底层聚合物抗裂砂浆,随后立即将网格布绷紧后铺贴,用抹子由中间向四周把网格布压入底层砂浆的表层,要平整压实并保持网格布绷直,严禁出现皱褶,严禁"干铺",只有这样才能有效分散抹面层中的拉应力。网格布之间必须搭接,而且要保证搭接宽度,一般要求横向为 100mm,纵向为 80mm,以确保网格布之间拉伸力的连续性。在底层砂浆凝结前再抹一道面层抹面抗裂砂浆,厚度为 1~2mm,以覆盖网格布,微见网格布轮廓为宜。面层抹面砂浆切忌不停揉搓,以免形成空鼓。网格布应自上而下沿外墙一圈一圈铺设。当遇到门窗洞口时,除聚苯板拼接板缝必须至少距离门窗洞口角部 200mm 外,还应在洞口四角处沿 45°方向补贴一块 300mm×400mm 的标准网格布,以防止开裂,如图3-11 所示。

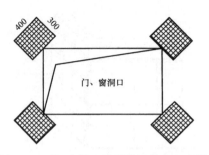

图 3-11　门、窗洞口处增贴网格布示意图

铺贴网格布应注意的事项：不得在雨中铺贴网格布；标准网格布应相互搭接；在拐角部位，标准网格布应是连续的，并从每边双向绕角后包墙宽度不小于200mm。在施工时，应避免阳光直射，否则应在脚手架上搭防晒布，以防阳光直射施工墙面，并应避免在风、雨气候条件下施工。

6）抹抗裂防护层：待铺贴玻纤网格布的抗裂砂浆稍干至可以碰触时，立即用抹子涂抹第二道面层抹面抗裂砂浆，并且网格布需全部被覆盖，且微见网格布轮廓。首层墙面应铺贴双层耐碱网格布。铺贴第一层网格布时，网格布与网格布之间采用对接方法，但严禁在阴阳角处对接，对接部位距离阴阳角处不小于200mm。第二层网格布的铺贴方法如前所述，两层网格布之间抗裂砂浆应饱满，严禁干贴。

7）涂刷弹性底涂和刮柔性耐水腻子：抗裂抹面层施工完2h后即可涂刷弹性底涂。涂刷应均匀，不得有漏底现象。大墙面宜采用400~600mm长的刮板，门窗口角等面积较小部位宜用200mm长的刮板。

8）涂刷底漆：刷面层涂料涂刷工具采用优质短毛滚筒。上底漆前做好分格处理，墙面用分线纸分格代替分格缝。每次涂刷应涂满一格，避免底漆出现明显接痕。底漆均匀涂刷一或两遍，完全干燥12h。底漆完全干透后，用造型滚筒滚面漆时应用力均匀让其紧密贴附于墙面，蘸料均匀，按涂刷方向和要求一次成活。外饰面涂料工程不得出现漏涂、透底、流坠、起皮、分色、开裂等施工质量问题。

综上所述，外墙外保温工程的施工质量，对其耐久性和节能效果有直接和显著影响。切实加强对施工技术人员的施工操作技能培训非常必要，促使所有操作人员熟悉目前常用外保温系统的组成材料、构造层次，熟悉施工程序、施工方法及施工技术要求，是提高外墙外保温工程施工质量的关键环节。

4. 砂加气混凝土砌块自保温体系性能优化的措施

砂加气混凝土在国外已有100多年的发展和应用历史，产品主要有砌块和板材,系统集成技术成熟。其在国内的产品以砌块为主,自保温体系刚起步不久。目前,全国已建成加气混凝土砌块生产企业约 500 家,总设计生产能力超过 4650 万立方米。砂加气混凝土砌块良好的保温隔热性能,完全能够满足建筑节能标准的要求,对热桥再进行多种形式的保温处理,就形成了砂加气混凝土砌块自保温体系。该体系与目前广泛采用的复合外墙外保温或外墙内保温系统相比,克服了保温层与墙体不能同寿命的缺点,具有价格便宜、维修方便、质量小、保温隔热性能好、隔声效果好、防火性能优良、表面坚固、抗冲击性能好、施工便捷和便于各种外饰面处理等优点,已被部分开发商所采用。

国内一些省近年来积极推广砂加气混凝土砌块自保温体系,相继出台了一些规定、图集和技术标准。但是这种新型保温体系的推广和应用还存在着一定的局限性,缺乏相关的行业标准。由于应用技术不规范,造成了外墙抹灰空鼓、裂缝、渗水等问题。究其原因:一是材料生产厂家、设计人员、施工人员及开发商对砂加气混凝土砌块不够熟悉,对材料的性能和施工方法了解不够深入,缺乏规范的技术措施支撑;二是缺乏自保温体系的系统保证措施。以某地区为例,每年约有 200 万立方米砂加气砌块进入市场,为了避免砂加气混凝土砌块墙体自保温体系出现裂缝、渗漏及耐久性差等问题,其配套的技术措施研究及系统性能的提高就显得十分迫切。

(1)系统组成及其特点。建筑物外围护结构保温层大都采用两种体系:复合保温节能体系(分为外保温和内保温)和材料自保温节能体系。复合保温体系虽然能够达到保温效果要求,却存在耐久性不好、施工过程复杂、造价较高等缺点,在推广应用过程中出现了很多质量问题。相对而言,自保温体系施工较为便捷,造价较低,质量有保障,兼具砌体性能和保温隔热性能,优点突出。同时,砂加气混凝土的生产高度工业化,材料质量有保证,施工工序少,受手工工艺操作影响小,保温性能好,造价低。根据热工计算和各地区外墙传热系数指标,砂加气混凝土砌块作为建筑围护结构材料,对于夏热冬冷地区非常适宜。砂加气混凝土砌块自保温体系主要由砂加气混凝土砌块、砌筑砂浆、界面剂、抹面抗裂砂浆、弹性底涂、柔性防水腻子、修补材料、玻纤网格布、热镀锌钢丝网、内墙抹灰、热桥处理、五金配件等材料组成,并使用专用配套施工机具进行施工。

(2)材料制品质量控制要求。现阶段,国内砂加气混凝土砌块生产企业主要有 3 类:第一类为引进国外先进生产线企业。这些企业规模大,技术先进,产品质量较高,外观尺寸偏差小于 1.5mm,并且多采用能发挥砂加气混凝土优良特性的专门技术,包括采用专用砂浆和专用配件,使用专门施工工具进行施工,完成的项目基本没有空鼓、开裂等质量问题;第二类为采用先进国产设备装备的企业。这类企业直追引进生产线,产品外观尺寸偏差接近 1.5mm。原材料主要采用普通河砂和尾矿砂,其成品的物理力学性能比第一类企业稍逊一筹,但由于生产成本较低,产品质量稳定,而且在江、浙、沪地区也多采用专门技术进行施工,建筑质量能够得到保证,因此具有较强的市场竞争力;第三类为非定型切割机、自制切割机及非定型工艺设备和手工切割生产线企业。这些企业规模小,装备比较落后,产品质量波动较大,而且主要使用传统方法施工,难以满足高质量工程的要求。这类企业必须进行技术改造,否则其产品无法用于砂加气混凝土自保温系统。对 7 家砂加气混凝土砌块生产企业,计 12 个砂加气混凝土砌块应用项目进行调研,并对其中 4 家企业的产品进行抽样检测。其结果显示,80％的企业无自保温体系的企业标准,砌块尺寸偏差在 1.5~7mm 之间,产品以 B06 为主、有部分 B05、B04 基本没有生产,80％的企业产品销售为非整系统销售。因此,要提高自保温体系的性能,首先必须对产品的规格尺寸进行质量控制,以充分发挥砂加气混凝土块单一材料能够达到节能 50％要求的优势。而对于节能 65％的要求而言,若以传统砌筑方法施工,则难以实现,因为当灰缝大于 3mm 时,导热系数需乘以修正值 1.35,且从经济角度而言,灰缝过大,使用专用砂浆成本会过高,故产品尺寸偏差必须小于 1.5mm。为保证自保温体系的各项技术指标,系统的各组成材料除满足相关标准规范外,还需要做进一步要求。

1)砂加气混凝土砌块的平均干密度级别应选用 B04、B05、B06 级,强度等级以 A3.5、A5.0 为宜,导热系数不大于 0.13、0.16、0.19,以无槽砌块为主,B04 级主要用于热桥部位的薄板。

2)砂加气混凝土砌块常用规格为(长×宽×高):600mm×(200~300)mm×(200~300)mm。尺寸允许偏差(长×宽×高)为: ±2.0mm×(±1.5)mm×(±1.5)mm。热桥部位采用 B04 级薄板,厚度为 40~50mm。

3)砂加气混凝土砌块专用(砌筑砂浆)胶粘剂应以高分子聚合物和水硬性硅酸盐材料为主要原材料,并配以多种高分子助剂制成的粉体材料,用于砂加气砌块薄层砌筑。

4)砂加气混凝土砌体面层用界面剂是抹面层的关键环节,应采用自交联高分子聚合物乳液,辅以适量助剂,与水泥、细砂按1∶1∶1拌和均匀,刷、滚于砌块表面,粉刷前不用浇水,既降低了施工难度,又提高了工程质量。

5)抹面抗裂砂浆、耐碱网格布、弹性底涂、热镀锌钢丝网、柔性耐水腻子等系统材料,均按《胶粉聚苯颗粒外墙外保温系统材料》(JG 158—2013)的要求进行性能控制。

6)砂加气混凝土砌块自保温系统增加耐候性型式检验,参照《胶粉聚苯颗粒外墙外保温系统材料》(JG 158—2013)中的耐候性试验方法进行。

(3)设计构造的优化控制。

1)在建筑设计过程中,要充分了解砂加气混凝土砌块自保温体系的适用情况(范围),注意其系统性。外墙厚度除满足强度要求外,还应根据节能设计要求进行计算复核,并应满足相关规范、标准、规程的要求,选用合适的构造图集指导施工。

2)通过对砂加气混凝土砌块自保温体系在工程中应用情况的调研,依据《蒸压加气混凝土建筑应用技术规程》(JGJ/T 17—2008)、《蒸压轻质砂加气混凝土(AAC)砌块和板材结构构造》(06CG01)等标准及不同地方图集,对砂加气混凝土砌块自保温系统设计提出如下改进方案。

A.系统基本构造外墙为:基层①+界面层②+抹面层③+饰面层④。

B.热桥处理:基层①+黏结层②+ALC薄板③+抹面层④+饰面层⑤。

第四章　混凝工程及材料质量控制

第一节　混凝土工程施工管理措施

1. 工程中混凝土施工技术与质量控制

在当今的所有建筑工程中,混凝土的施工占有的比例是最高的。其施工质量的优劣会对建筑物的安全和耐久性产生极其深远的影响,因此,必须对混凝土的施工技术和施工质量特别关注,对混凝土施工浇筑过程中的每一道工序进行严格的控制,才能确保建筑工程质量的安全性。

(1)混凝土浇筑的准备工作。

1)施工准备,在混凝土的浇筑施工之前,必须先做好对参加施工人员的安全技术交底工作,详细说明施工中要重视的问题,并强调梁柱节点位置,梁板与剪力墙处混凝土强度等级的要求及施工控制,振捣时间及振捣点间距的要求控制等。

2)在施工阶段,要提前了解当地气候的变化情况,根据工程施工部位的实际情况,把浇筑工程中所有必备的防雨防暑物资提前准备到现场,以保证混凝土浇筑的顺利进行。

3)在浇筑施工之前,应该对钢筋工程、模板支设及加固、保护层等相关内容进行现浇结构尺寸偏差、外观的检查验收,使各项尺寸控制在规范规定的允许范围内。模板的刚度及稳定性,拼接板缝缝隙要进行处理,对钢筋及其隐蔽在混凝土中的构件必须经过专门验收,在合格的基础上才能进行浇筑施工。

(2)施工流程及技术控制重点。

1)材料的准备。

A. 水泥:应该根据结构强度的要求及不同品种型号水泥性能来选择。保证水泥强度不低于规范的要求,对于有特殊承重要求的部位,应该在选择之前通过试验,结合配置确定。

B. 粗细骨料:骨料作用混凝土的主要成分,其质量对混凝土的影响是直接的。对于粗骨料,其质地、针片状颗粒含量、最大粒径及连续级配、模数是检查重点。而细骨料,检查重点仍然是质地、细度模数及含泥量、有害物质含量等,有害物质含量及含泥量是重点检查内容。

C. 拌和用水:应当尽量选用可以饮用的干净水。人类不能饮用的水不允许拌和用,在使用前先进行化验和耐腐蚀的检验。应该杜绝将工业废水、酸性水和生活污水用于生产和养护混凝土的用水。

D. 外加剂:使用应慎重,要选择具有生产许可证的厂家生产的产品,更要重点检查外加剂的检验报告及试验资料。使用前必须进行同水泥适应性的试验,施工中的掺量必须严格控制,拌和时间相对延长,以确保在混合料中的均匀性。

2) 混凝土的拌和。在确定所用材料品质合格之后,应该按规定由监理见证取样,再送至规定的实验室进行配合比设计,避免采取经验的配合比方法。减少乃至杜绝少配、错配及漏配等影响混凝土质量事故的发生。然后应该对适配完成的混凝土进行性能检测,最后才能进行大规模的施工应用。在拌和施工中应当经常对骨料的含水率进行测定,并及时对水用量进行调整。在现场自拌混凝土的原材料投料中,要考虑额定容量的使用范围,拌和后在出料口对坍落度进行测试,同时观察其离析与否。

3) 混凝土的运输。拌和合格混凝土的运输也是一个重要的工序,尤其是现在多数是在集中搅拌站拌和,距浇筑地较远,提前预测运输时间,防止路上时间过久以致初凝是非常必要的。当垂直运输时可以用提升架和起重机等设备。现场搅拌比较方便,用小吊车直接运至浇筑地。运输时最重要的是防止混凝土离析及分层。另外,要减少周转次数一次吊到位。

4) 混凝土的浇筑。在浇筑前要对所有模板浇水湿润并冲洗板内杂物,并对钢筋和模板逐一检查验收,以确保结构件的浇筑不存在任何质量隐患,还必须对浇筑方向及方法做出安排。要保证混合料下落高度小于3m,如果采取的是分层浇筑施工,应当根据钢筋的密集度和结构特点来确定每一层摊铺的厚度。在分层厚度的控制上,一般使用插入式振动棒振动,其作用范围是1.25倍。若是振捣用平板振动器,则必须控制摊铺料的厚度,一般以200mm为宜。浇筑必须连续进行,如果确实需要间歇,则应尽量缩短间歇时间,以保证在上层混凝土初凝前可以结合,防止分层成为施工冷缝。要重视观察和整理钢筋移位,模板支撑可能会松动,所以在浇筑过程中需要木工、钢筋及架子工密切配合,防止产生质量问题。对连续浇筑可能出现施工缝的部位,要在剪力最小部位留置施工缝,并对缝处做认真保护。

5)混凝土的振捣。浇筑摊铺后应及时进行混凝土的振捣工作。振捣的作用就是使混凝土充满模板内部,使其获得较大的均匀性和密实度。现在采取的振捣方式主要是机械振捣,个别部位可以以人工振捣,振捣过程应当是快插慢拔,均匀布点以防止漏振或是在一个点过振。在插入振动棒时应当进入下层混凝土中大于50mm,防止两层混凝土形成分层而不是一个整体。在一个振点的振捣时间大约在10s,待表面不再下沉、无气泡泛出或泛浆,再慢慢拔出使该处基本平整。如果使用平板振动器,要对已经振捣过的部位边缘进行复振;使之更加密实。

6)混凝土的养护。混凝土振抹完成以后表面终凝或是发白,表示需要水分,此时应进行浇水养护,充分的湿润使水泥水化得到保证,其强度也迅速增强。养护方式以表面洒水最普遍,条件许可时也可以蓄水养护,尤其是掺有微膨胀剂的混凝土,早期保湿非常重要。养护时间,住宅工程一般为7d,正常混凝土应该不少于14d,而防水混凝土为28d。

(3)混凝土的质量管理控制。

1)影响混凝土质量的因素。首先,混凝土的配合比。这是影响质量关键因素。混凝土的配合比必须满足结构及施工工艺的要求,以保证结构的强度及耐久性。在有资质的试验室配置的混凝土并不一定完全达到现场实际条件的需求,当气候变化、运输时间较长时,应该根据实际调整配合比。其次,混凝土的和易性。和易性是指拌和成的混合料的均匀黏结性、流动性及保水性,即可操作性的综合反映。假若和易性不好,混凝土会产生分层离析或振捣无法密实,达不到施工需要。再次,混凝土的振捣过程控制。若混凝土在浇筑中没有经过充分振捣,则是松散无强度的。振捣不充分的混凝土内部通常出现蜂窝孔洞现象,所以,混凝土的振捣应由专人进行,并且做技术要求交底,确保振捣质量可靠。最后,现场施工人员责任重大,其技术素质对施工质量影响较大。因此,在施工过程中,技术人员要重视每个环节,建立质量和安全两个保证体系。为了及时解决出现的问题,应该从管理和技术两个层面来约束施工人员,确保施工质量达到规范及设计要求。

2)混凝土施工的质量控制。首先,在选择混凝土供应商时要进行对比,选择资质高、信誉好的搅拌站。要协调好搅拌站与施工现场的联系,对混凝土使用时间及用量提前协商,选择合适运输车使浇筑顺利进行。其次,施工要在科学组织进行,保证操作严格按照工序,杜绝盲目性。施工过程中,重视对钢筋的保护,不移动预埋管线,在混凝土强度未达到1.2MPa前,人员不准在上面走动,也不得堆放杂物。最后,加强施工现场管理,制定切实可行的规章制度,提高施工人员的质量意识,增强责任感,确保浇筑顺利进行,消除隐患。

建设规模的扩大,其结构形式也更加丰富多样,作为建筑工程中用量最大的混凝土工程,对结构的安全使用极其重要,施工人员要适应社会的发展,不断创新,安全文明施工,使建筑工程质量耐久。

2.混凝土结构裂缝综合修补技术的应用

混凝土裂缝将会影响构件的耐久性,严重者还会影响结构的承载能力,因此,多数情况下需对混凝土裂缝进行修复处理。裂缝修复技术多种多样,使得裂缝修复的应用具有一定复杂性,少数工程由于修复技术选用不合理而出现二次开裂。因此,有必要对各种裂缝修复技术进行比较分析,为裂缝修复工程提供参考依据。本文对采用玄武岩纤维水泥砂浆结合灌浆法的综合修补技术进行了对比试验研究,根据试验结果和实体工程应用经验总结,提出了裂缝修复的基本程序和技术方法,为工程应用提供参考。

(1)混凝土梁裂缝修补试验方案。

1)试件制作要求。如图4-1为试验研究的基本装置图。加载方式为在距支座500mm处由分配钢梁来实现加载,采取分级加载,在纵筋应变接近屈服应变时,根据试验情况适当增加荷载级别以确定屈服荷载。

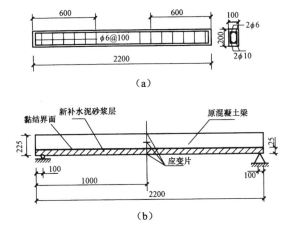

图4-1 混凝土梁裂缝的修补及试验装置示意

研究表明,混凝土在 1 年内可完成 20 年收缩量的 65 % ~ 85 %,而分析研究只注意到新老混凝土收缩差即可,所以修补时间定在混凝土试验梁制作完成 18 个月后进行,此时试验梁的收缩大部分已完成,可忽略不计。总共制作 5 根梁作为研究试件。

2)修补试验方案的确定。用 5 根试验梁均加载至 20kN 以后卸载,此时受拉钢筋还未屈服。二次加载前对干缩裂缝及受力裂缝采用低压低速灌浆法进行裂缝处理,然后分别对修补界面采用两种方法处理,其中一个未作裂缝修补的试件做对比梁。由于老混凝土表面的粗糙度对新混凝土界面黏结强度有很显著的影响,为了使修补界面获得较好的黏结性能,将老混凝土表面凿毛,露出石子,表面粗糙度为 2~3mm,再用清水冲净。然后在界面涂一层水泥净浆作为界面剂,厚度约 1mm,再在上面抹上一层 2.5cm 厚的玄武岩纤维水泥砂浆。然后将 5 根试验梁重新二次加载至梁破坏,采集梁的裂缝、开裂荷载、挠度等试验数据以进行分析。

3)低压低速灌浆施工工艺。

A. 设备。用 YJ-自动压力灌浆器——长度为 26cm,弹簧压力为 60kPa,质量为 60g,一次装入树脂量为 50g,一次有效注入量为 40g,注入不足时可继续补充,并可直接观察和确认注入情况。角向磨光机:电压 220V,频率 50Hz,转速 11000r/min。600mL 烧杯,配树脂用。医用橡胶手套,工人防护用。

B. 原材料使用。采用 AB 灌浆树脂:溶剂型,黏度为 60 ~ 100MPa/20℃,抗压强度不小于 35MPa,抗拉强度大于 15MPa,黏结强度大于 3.0MPa,无断后伸长率,可灌缝宽度大于 0.1mm,较细裂缝用,低黏度,高强度,干燥环境用。甲:乙 = 4:1。JH-高强封缝胶:10min 初凝,1h 终凝,用于微细裂缝表面封闭。甲:乙 = 100:2。

C. 施工过程:用裂缝放大镜正确观察裂缝宽度。基层处理:清除裂缝表面的灰尘、油污。确定注入口:一般按 15~20cm 距离设置一个注入口,注入口位置尽量设置在裂缝较宽、开口较通畅的部位,贴上胶带,预留。封闭裂缝:采用 YJ-快干型封缝胶,沿裂缝表面涂刮,留出注入口。安设塑料底座:揭去注入口上的胶带,用封缝胶将底座粘于注入口上。安设灌浆器:将配好的灌浆树脂注入软管中,把装有树脂的灌浆器旋紧于底座上。灌浆:松开灌浆器弹簧,确认注浆状态。若树脂不足可补充再继续注入。注入完闭:待注入速度降低确认不再进胶后,可拆除灌浆器,用堵头将底座堵死。用过的灌浆器应立即用酒精浸泡清洗保存,以备下次使用,切不可用其他稀料清洗。树脂固化后敲掉底座及堵头,清理表面封缝胶。

4)玄武岩纤维水泥砂浆的原材料玄武岩纤维采用乱向、短切的纤维(平均长度为 5mm)。分散纤维需甲基纤维素、硅粉等分散剂制作玄武岩纤维水泥砂浆质量配合比见表 4-1。首先将甲基纤维素在水中溶解,加入玄武岩纤维和消泡剂,搅拌至纤维丝均匀分散。再将此混合物、水、砂、水泥、硅粉放入自制的搅拌器中按预先设定好的程序搅拌 5min,然后加入高效减水剂和早强剂,再搅拌 5min,直到玄武岩纤维被均匀分散。

表 4-1　玄武岩纤维水泥砂浆质量配合比(%)

水泥+硅粉	硅粉	砂	甲基纤维素	玄武岩纤维	消泡剂	高效减水剂	水	早强剂
1	13	1.4	0.4	0.6	0.02	2	0.48	0.6

5)试验主要量测内容:

A.混凝土浇筑之前,在纵筋和箍筋的不同部位分别按一定间距粘贴应变片,通过静态电阻应变仪记录各级荷载作用下钢筋的应变数值,见表 4-2。

B.在梁跨中顶面及梁底面处分别贴两片应变片,梁两侧分别粘贴 3 片应变片,通过静态电阻应变性记录各级荷载作用下混凝土的应变值,见表 4-2 和表 4-3。

表 4-2　钢筋的实测力学指标

直径/mm	f_y/MPa	f_b/MPa	E_s/MPa
$\phi6$	412.6	561.9	1.98×10^5
$\phi10$	238.9	352.7	2.03×10^5

表 4-3　混凝土的实测力学指标

f_{cu}/MPa	f_c/MPa	E_c/MPa
26.8	23.2	2.66×10^4

C.在梁支座及跨中处设置百分表以量测跨中挠度,由 X-Y 函数记录仪绘出梁挠度曲线。

D.进行梁的加载试验,加载至钢筋恰好屈服,使之由于钢筋塑变产生主裂缝。记录钢筋应变、开裂荷载、屈服荷载、裂缝宽度、裂缝间距等。

E.对产生的弯曲裂缝及受剪斜裂缝使用低压低速灌浆法进行修补,修补完毕后敷设玄武岩纤维水泥砂浆面层,然后二次加载后观察被修补梁的裂缝、挠度等发展情况,以验证低压低速灌浆法及玄武岩纤维综合修补技术对构件刚度和抗裂度的影响。

(2)试验结果分析。

用玄武岩纤维水泥砂浆作为修补面层对混凝土受弯梁裂缝的数量与宽度有明显的控制作用,修补梁裂缝宽度较未修补梁有改善,裂缝分布特点是细而密,其最大裂缝宽度可减小30％左右,挠度最大值减小20％,被修补梁的刚度得到明显提高。

采用玄武岩纤维水泥砂浆修补方法修补的梁与未修补梁在承受荷载时,裂缝的出现、发展及梁的破坏形式都有很大的差别。根据梁的裂缝发展特点,可将裂缝发展分为两个主要阶段。

1)第一个阶段:以新老混凝土的黏结界面出现裂缝为分界,在此之前,黏结界面尚未开裂,修补对梁裂缝的发展没有影响,此时新老混凝土能很好地共同工作,每根梁的裂缝出现情况都与普通整体梁相似。

2)第二个阶段:当梁正截面竖直裂缝、斜裂缝发展到达新老混凝土的黏结界面时,普通梁由于混凝土抗拉强度较低,裂缝就沿薄弱的区域开展。而在玄武岩纤维水泥修复砂浆修补梁中,由于新老混凝土具有良好的黏结性,裂缝通过黏结界面继续朝上发展,并贯穿新补混凝土层,最后梁的破坏形态与整体梁的破坏形态基本一致。

随荷载等级的不断提高一直到梁被破坏,普通梁的正截面裂缝和斜裂缝开裂荷载很低,裂缝发展较快,裂缝宽度较大,破坏时梁的有效高度急剧降低,而受压区混凝土以被压碎而告终。而采用综合修复方法修补的梁,修补上去的水泥砂浆层能很好地起到与老混凝土协同工作以抵抗外荷载的作用,开裂荷载得到显著提高,最大可提高66％,修补梁裂缝宽度较未修补梁有较大改善,裂缝分布特点是细而密。

上述试验是为解决修补混凝土结构裂缝的耐久性问题,减少由于新老混凝土收缩差在新混凝土中引起的收缩裂缝及受力裂缝,以及提高抗裂性能。研究中提出了在二次加载前先用低压低速灌浆法对受力及收缩裂缝做环氧树脂加压灌浆处理,然后用玄武岩纤维水泥砂浆做修补过渡层的新修补方法。试验表明,这种新旧裂缝综合修复方法能够有效地减小新混凝土中的裂缝数量及宽度,其最大裂缝宽度可减小30％左右;梁的最大开裂荷载提高66％;挠度也得到有效控制。此外,这种修补方法还可有效提高被修补结构的整体性,使修补梁的破坏形式与整体梁基本相似,克服了传统的修补梁的修补层在破坏时脱落严重的缺陷。玄武岩纤维水泥砂浆与碳纤维修复砂浆修补裂缝都能有效提高构件刚度和抗裂度,且玄武岩纤维水泥砂浆修补方法具有更好的技术经济性,对施工水平要求也较低,因此具有更大的发展应用前景。

3. 大体积混凝土裂缝产生的一般原因及预防

大体积混凝土已经成为大型基础设施及各类建筑工程最重要的结构形式,传统意义上的大体积混凝土,一般理解为尺寸体积大的建筑结构体。例如,美国混凝土学会给出的大体积混凝土定义是,任何现浇混凝土,其尺寸达到必须解决水化热及随之引起的体积变形问题,以最大限度地减少开裂影响的,即称大体积混凝土。这里重点提出了混凝土的开裂问题,而开裂问题是工程建设中带有普遍性的技术难题。结构体裂缝一旦产生,尤其是大型基础的贯穿性裂缝出现在重要部位,其危害十分严重:会严重降低结构的耐久性,降低其承载力,同时会危及建筑物的正常使用。对此,如何采取切实有效的技术措施,防止大体积混凝土的开裂,是一个关键性技术问题。

(1)大体积混凝土裂缝形成的一般原因。

从建筑结构特征分析,裂缝按形成的一般原因大体可分为两类,即结构型裂缝和材料型裂缝。结构型裂缝是由外部荷载引起的,包括常规结构计算中的主要应力及其他的结构次应力所造成的受力裂缝。而材料型裂缝是由非受力变化引起的,主要是由于环境气候的变化即温度应力和混凝土收缩引起的开裂。在此主要探讨材料型裂缝。

1)温度应力引起的裂缝。

现在由温度应力导致的裂缝一般被认为是由温差产生的应力造成的。温差可以分为3种情况。首先,在混凝土浇筑初期,在水化过程中产生大量的水化热,由于混凝土是热的不良导体,水化热积聚在混凝土内部不易散发出去,尤其是体积较大的混凝土内部,因而内部温度急剧上升,而结构混凝土外部温度为当时的环境温度,这时形成了内外温差,这种内外温差在混凝土凝结初期产生的拉应力超过混凝土当时的抗压强度时,就会导致混凝土开裂。其次,在混凝土拆模前后,表面温度降速很快,造成了表面温度骤降,也会产生混凝土开裂。再次,当混凝土内部温度达到最高阶段,热量逐渐散发而降至正常环境温度时,其与最高温度的差值即是内部温差。这3种温差都会造成混凝土的开裂。在这3种温差中,由水化热引起的内外温差危害最严重。

2)混凝土收缩引起的裂缝。

混凝土收缩在很多情况下都会发生,而且有很多种类,常见的有干燥收缩、塑性收缩、自身收缩及碳化收缩等。在此浅要分析干燥收缩和塑性收缩。

A. 干燥收缩:混凝土硬化后,在干燥的环境中,混凝土内部的水分逐渐析出,内部游离水的减少,孔隙壁压力降低,引起混凝土由外向内的干燥变形开裂。

B. 塑性收缩:水泥遇水后活性增大,拌和物温度较高,或是在水灰比较低的条件下会加快引起开裂。因为此时混凝土的泌水明显减少,表面大量蒸发的水分不可能得到充分满足,而且混凝土还处于塑性状态,略微出现一点拉力,混凝土的表面就会出现分布不匀的龟裂缝。当裂缝产生以后,混凝土内部的蒸发会加快速度,使裂缝宽深度进一步加大。

(2)预防裂缝的一般措施。

从上述分析中可知,材料型裂缝主要是由温度及收缩原因引起的,为了有效防止裂缝的产生,采取切实有效的措施降低温度裂缝是极其重要的。

1)水泥的选择:由于温差是由水泥在遇水后产生的水化热所致,为了减少温差,尽量降低水化热是关键。降低水化热的核心是采用早期水化热低的水泥。由于水泥的水化热是矿物成分与细度的函数关系,要降低水泥的水化热关键是选择适宜的矿物组成和调整水泥颗粒的细度模数,现在硅酸盐水泥的矿物组成主要是硅酸三钙、硅酸二钙、铝酸三钙和铁铝酸四钙。试验表明,水泥中铝酸三钙和硅酸三钙的含量高,水化热也高,所以为了降低水泥的水化热,必须降低熟料中这两种成分的含量。在施工过程中选用水泥时,一般采用中热硅酸盐水泥和低热矿渣硅酸盐水泥。同时,在不影响水泥活性的情况下,要尽量选择使用细度适当较小的水泥,因为水泥的细度会直接影响水化热的放热速度。试验资料显示,水泥比表面积每增加$100cm^2/g$时,其1d的水化热增加$17\sim21J/g$,7d和21d均增加$40\sim120J/g$。

2)掺加粉煤灰。为了减少水泥用量,主要是降低水化热和施工所需要的和易性,近年来所采取的措施是掺加一定量的粉煤灰代替水泥,以达到提高综合效益的目的。

由于粉煤灰中含有一定的硅铝氧化合物,其中二氧化硅含量在40%~60%,三氧化硅含量在18％~35％。这些硅铝氧化合物可以与水泥的水化产物进行二次反应,是其活性的来源,可以取代部分水泥,从而降低水泥用量,也可以在不影响强度的前提下降低水化热。同时,因粉煤灰的颗粒较细,能够参与二次反应的界面相应增加,在混凝土中分散比较均匀。另外,因粉煤灰的火山灰反应进一步改善了混凝土内部的孔隙结构,使混凝土中的总孔隙率降低,孔隙结构更加细化,分布更加合理,使硬化后的混凝土更加密实,相应收缩率也减小。

需要说明的是,由于粉煤灰的比重比水泥要小,在浇筑振捣过程中比重小的粉煤灰会容易浮在混凝土的表面,造成上层混凝土中总孔隙率的降低,表面容易出现塑性裂缝,因此,粉煤灰的掺量要适宜,必须根据工程结构实际进行试配而确定用量。

3)粗细骨料的选择。粗骨料尽量扩大其粒径,因为粗骨料的粒径越大,级配越好,则孔隙率越小,总表面积也越小;每立方米用水泥砂浆量和水泥用量就越少,水化热也随即降低,对防止裂缝的产生有利。

细骨料宜选择级配良好的中砂或中粗砂,最好还是用中粗砂。因为中粗砂的孔隙率最小,总表面积也小,这样混凝土的用水量和水泥用量就可以减少,水化热也低,裂缝会减少。另外,要控制砂的含泥量,因含泥量越大则收缩变形量也越大,裂缝产生会更加严重。因此,细骨料的含泥量不要超过2％为宜。

4)外加剂的选择。混凝土外掺合料可以减少其收缩开裂,其不同外加剂的影响因素如下。①减水剂对混凝土的影响:减水剂的主要作用是改善混凝土的和易性,降低水灰比,提高混凝土强度或在保持混凝土一定强度时能减少水泥用量。而水灰比的降低和水泥用量的减少,对防止裂缝是极其必需的。②缓凝剂对混凝土的影响:缓凝剂的主要作用是延缓混凝土释放水化热峰值的出现时间。由于混凝土的强度会随着龄期的增加而提高,所以,延缓后在放热峰值出现时混凝土已经有了一定的强度,从而降低了裂缝产生的概率。另外,改善拌和物的和易性,可以减少拌和物在入模前的坍落度损失。③引气剂对混凝土的影响:引气剂应用于混凝土中对改善混凝土的和易性、可泵性和提高耐久性十分重要,也能在很大程度上增大混凝土的抗裂性能。需要特别引起关注的是,外加剂的掺量不能过多,否则会引起负面影响。还要重视同水泥的相容性问题。在《混凝土外加剂应用技术规范》(GB 50119—2013)中规定,掺有外加剂的混凝土28d的比不得大于135％,即掺外加剂的混凝土收缩比基准混凝土的收缩不得大于35％。

（3）施工过程的质量控制。

1）混凝土的拌制控制。无论是集中搅拌商品混凝土，还是现场自行搅拌的混凝土，在混凝土的拌制过程中，必须严格控制原材料的计量，同时必须严格控制混凝土的出机坍落度。要尽量降低混凝土拌和物的出机口温度，拌和物的降温可以采取的措施是送冷风对拌和材料冷却，还可以采取加冰块方法降温。

2）混凝土的浇筑控制。混凝土在浇筑过程中必须分层进行并分层振捣。振捣时间以每个振点振至表面不再向上泛浆为止，此时振动棒慢慢拔出；插入振动棒间距要均匀，振动力波及范围以重叠 1/2 为宜。浇筑完毕后表面必须刮平抹压，以防止表面产生裂缝。要重视上下层混凝土的结合，避免纵向形成施工缝，提高结构整体性和抗剪能力。对浇筑时间进行控制，尽量避免在太阳辐射最高阶段浇筑混凝土，尽量在早晨并避开中午时间浇筑。还要对拆模时间进行严格控制，落实养护条件及方法，必须充分补充水分使结构件充分水化，尤其是立面更是养护的薄弱环节。对于构件的拆模时间严格按规范规定执行，不允许提前拆除模板。

3）做好表面隔热保护。对于大体积混凝土的温度裂缝，主要是由于内外温差过大而引起。混凝土浇筑后由于内部散热缓慢，会形成内外温差梯度，表面温度低产生收缩受到内部约束产生的拉应力，但是这种拉应力通常比较小，不至于超过混凝土的抗拉强度而产生裂缝。此时如果受到冷空气的侵入，表面降温速度过快很容易造成裂缝的产生，所以在混凝土拆除模后，特别是在低温季节，拆除模后要立即采取保温措施。这样做的目的是防止降温过快而产生收缩裂缝。按照施工及验收规范要求，当环境温度在 5d 连续为 5℃时。在养护期间的混凝土必须进行保温保护。

4）混凝土的养护。混凝土在浇筑完成后，应随即对表面覆盖的塑料薄膜进行防止水分蒸发的保护，并在 8h 以内表面洒水保湿养护。这样及时覆盖既隔断了外界高温的侵蚀，又能防止因水分流失而造成干缩裂缝，促进混凝土可以正常进行水化。建筑房屋工程的养护时间多数在 7d 左右，而水工结构构筑物的养护时间为 28d。

5）通水冷却降温。如果是在高温季节浇筑混凝土，则要在初期采取通制冷水来降低混凝土最高温度峰值。需要注意的是通水时间不能过长，因为时间过长会造成降温幅度过大而引起较大温度应力。为了减小内外温差，在夏末秋初进行中期通水冷却，中期通水冷却用自来水方便适宜，能达到既降温又不产生裂缝的目的。

综上所述,大体积混凝土的裂缝是一个学术难题,也是一个必须认真解决的大问题。通过工程应用的分析总结,大体积混凝土的材料型裂缝主要还是由温度应力和混凝土收缩引起的,从大量工程应用实践及经验分析,在构造设计上精心考虑,对原材料认真选择,在施工中采取合理的方法及控制措施,同时过程中的监督管理也是一个重要环节,只有层层把关、严格工序管理才能有效预防裂缝的产生。

第二节　混凝土应用材料质量控制

1.混凝土掺合料质量要求和技术应用

掺合料早期应用是为了改善混凝土拌和物的和易性和节省水泥,但随着混凝土技术的发展,人们逐渐意识到应用混凝土掺合料的必要性和必然性。如目前配制高性能混凝土,采用的工艺通常为高品质通用水泥提高和增加其高性能(高效)减水剂而添加混凝土掺合料,特别是混凝土掺合料已经成为制备高性能混凝土必不可少的组分,它在改善混凝土的力学性能和耐久性能方面起着至关重要的作用。

(1)混凝土掺合料分类和作用机理。

1)混凝土掺合料的分类。混凝土掺合料指具有火山灰性(或潜在水硬性)的固体粉末,可用来改善水泥基混凝土强度、和易性、耐久性等性能的胶凝材料。混凝土掺合料按活性大小可分为活性材料和非活性材料两种。所谓活性材料是指在常温常压有水存在时与激发剂水化形成水硬性胶凝产物的物质,而非活性材料仅能改善混凝土的和易性。但这两者又不能截然分开,在一定条件下可以相互转化,如石灰石粉一般不作为活性材料,但若水泥熟料矿物铝酸钙较多时,则石灰石粉可与铝酸钙的水化产物形成水化碳铝酸钙,对混凝土早强有利;石英粉一般也不作为活性材料使用,但混凝土构件养护温度较高时活性则可大幅度增加,当然石英粉体颗粒加工得足够细时也会具有一定活性。活性按水化机理又可分火山灰性和潜在水硬性两类,如粉煤灰、凝灰岩、烧黏土等是火山灰性材料;钢渣、水淬矿渣等是具有潜在水硬性的活性材料。习惯上将水泥生产时加入的活性材料称为混合材,在混凝土拌制时加入的活性材料称混凝土掺合料。

2)混凝土掺合料的作用机理:混凝土掺合料是通过改善水泥胶凝材料的组成和数量,来提高混凝土的强度和耐久性,改善混凝土的和易性和体积稳定性,其主要是借助以下几种理化效应。

A. 活性效应：所谓活性实际上是指掺合料颗粒表面，在常温条件下碱性石灰（通常还含有石膏）溶液里溶解二氧化硅和氧化铝等组成的难易程度。活性效应的大小不仅与化学组成有关，而且与掺合料的比表面积有关。在相同化学组成时玻璃体，由熔体快速冷却的比缓慢冷却的活性高，同样化学组成的微晶体比粗晶体的活性高，高温亚稳型晶体比常温晶体的活性高。

B. 形态效应：它是指掺合料颗粒的表观特征，如球形、椭球形、不规则形、片形、柱形等，还包括颗粒表面的粗糙程度、孔隙情况等。加入球度好的掺合料则混凝土拌和物的流动性好、需水量小，有利于提高混凝土拌和物的和易性、强度、耐久性和体积稳定性等指标。

C. 填充效应：它是指掺合料颗粒填充在水泥胶凝材料的空隙中，特别是掺入了高效减水剂后，再掺入矿物掺合料的混凝土具有更好的减水增塑效果，即高性能混凝土"双掺"技术。

以上这 3 个效应相互影响，同时又相互制约，不同性能的混凝土对掺合料的要求也不相同，应有所侧重，这也是混凝土掺合料应用的重要技术措施。

(2)混凝土掺合料的应用技术效果和生产技术。

建筑工程技术人员都知道，许多特殊性能的混凝土都可以通过加入混凝土外加剂来获得，如能正确运用掺合料技术，有时也可全部或部分取消外加剂，而达到相同的效果，不仅能降低混凝土的生产成本，还能避免外加剂对混凝土性能产生不良影响。

1)混凝土掺合料应用技术效果：混凝土掺合料具有改善混凝土和易性、增加混凝土强度、改善混凝土耐久性等功效，所以说混凝土掺合料技术是一项涉及全面提高混凝土性能的基础性技术措施。与混凝土外加剂作类比，混凝土掺合料可产生以下效果。

A. 减水功能：高品质粉煤灰因其球形外貌，具有一定的减水效果是容易理解的，但需强调的是添加高效减水剂的混凝土再掺入矿物掺合料会具有更好的减水效果，特别是在化学减水剂无能为力的超低水胶比时，矿物掺合料还具有减水功能，如硅灰，可以使减水率进一步增大。

B. 早强和增强功能：硅灰因其颗粒非常小，水化速度快、增强效果好，必然具有早强效果；石灰石细粉也具有早强效果，铝酸三钙含量高的更是如此，石灰石细粉与水化铝酸钙反应可以形成具有一定胶凝能力的碳铝酸盐复合物。而增强功能：矿物掺合料水化结果形成的针状水化产物晶体具有良好的胶结能力，增加了水泥石与掺合料颗粒之间的界面黏结强度，因此可以解释为什么用低强度等级的硅酸盐水泥可以制备高强度的混凝土。

C.缓凝且膨胀功能：许多混凝土掺合料水化缓慢，如粉煤灰、矿渣粉、煤矸石细粉等均有一定的缓凝效果，合理选择矿物掺合料的品种和数量可起到缓凝剂的作用。而膨胀功能如下。"铝矾土+石膏+硫酸铝"是混凝土膨胀剂，为降低膨胀型矿物掺合料的成本，充分利用工业废弃物，可以用含铝成分较多的自燃煤矸石或粉煤灰代替铝矾土制备具有膨胀功能的混凝土掺合料，或者在粉磨矿物掺合料时加入有一定活性的轻烧镁也可以。

D.防水功能：掺有高效减水剂和微膨胀掺合料的胶凝材料能形成密实度良好的水泥石，完全可以做到不加防水剂即能制备抗渗性能良好的混凝土。

E.抗腐蚀功能：混凝土掺合料还具有改善混凝土抗腐蚀的功能，混凝土掺合料水化时消耗了水泥熟料与掺合料界面过渡区的部分氢氧化钙和水化铝酸钙，形成耐腐蚀的低碱型水化硅酸钙（托贝莫来石）和钙矾石等，钠离子、钾离子与铝氧八面体络阴离子团结合成四面体进入硅酸盐晶体结构，形成水化铝硅酸钙被固定，使游离碱含量降低，避免了碱-骨料反应的发生。

2）混凝土掺合料的生产技术：混凝土矿物掺合料的生产和使用已逐渐成为一门成熟的技术，许多工业废弃物经加工均可作为混凝土掺合料使用。混凝土掺合料的生产和使用涉及许多工艺方法和技术手段，其基本情况总结介绍如下。

A.超叠加效应：充分利用各种矿物掺合料不同的显微形态、不同细度、不同表面活性、不同数量进行有效搭配，取长补短、合理优化，使混凝土具有更好的性能，形成超叠加效应，即采用不同种类或不同细度的矿物掺合料复合使用，会取得比单独使用其中任何一种都好的效果。如大幅度提高矿物掺合料的用量，经试验验证，可提高混凝土强度4%~13%。

B.复合激发剂技术：复合激发剂一般由3种主要成分构成。①硫酸盐激发剂，即石膏，可以激发混凝土掺合料的活性，特别对氧化铝含量高的煤矸石、粉煤灰等更为有效。②水泥熟料，即石灰激发剂，激发活性以二氧化硅为主的混凝土掺合料，如硅灰、矿渣、钢渣等。③钾、钠等碱金属盐，如硅酸钠、硫酸钠、碳酸钠、碳酸氢钠等，可提高混凝土早期强度，促进混凝土掺合料硅氧四面体网络结构分解进入溶液,在水泥水化产物氢氧化钙的激发下,最终形成具有胶结能力的水化铝硅酸钙。

C. 预加外加剂技术:混凝土掺合料制备时提前加入各类成核剂、引气剂,因这类外加剂掺入的数量很少,如引气剂掺量仅万分之几,混凝土制备现场加入很难拌和均匀,在制备掺合料时加入则十分方便,如水工混凝土掺合料的制备。

D. 预处理技术:它是指有的矿物掺合料经过预处理,可提高掺合料的品质,如粉煤灰含碳量高会影响外加剂的使用效果,对粉煤灰进行预处理除去活性炭的活性,或者经预处理激发掺合料的活性,有利于提高混凝土的早期强度。

E. 助磨剂技术:矿物掺合料颗粒只有足够细小才能发挥作用,所以在粉磨矿物掺合料时加入各种助磨剂,以提高研磨效率。

3)混凝土掺合料生产应工厂化大生产:为使混凝土掺合料各项技术综合运用到最佳效果,从生产掺合料开始时就充分运用上述各种技术,做到统一设计、优化解决,而要在混凝土施工现场落实这些技术是很难办到的,必须在专业工厂内才能完成。如可以在粉磨矿物掺合料时就提前加入部分减水剂、早强剂等作为助磨剂使用,让这部分外加剂具有助磨、减水双重做用。合理生产使用掺合料,应按混凝土性能要求制备混凝土掺合料(包括建筑砂浆掺合料),并建立相关的标准或规范。为推广生产和使用混凝土掺合料提供依据,如可分为水工混凝土掺合料,普通混凝土掺合料、高性能混凝土掺合料和抹面砂浆掺合料等。

在工厂专业化大生产中,掺合料的另一个好处是可以扩大制备掺合料的原料来源,能使许多低活性工业废渣也能被综合利用,这对发展循环经济,建设资源节约型、环境友好型社会具有特别重要的意义。

(3)混凝土掺合料使用中应重视的一些问题。

掺合料若使用不当,也会对混凝土性能产生不良影响,所以混凝土掺合料生产和使用过程中应注意以下事项。

1)须注意混凝土掺合料不是最终产品,使用时还要依据具体的水泥品种、减水剂性能、混凝土性质来确定合理的掺入量,应当根据水泥用量进行掺入。

2)混凝土掺合料不同于水泥熟料,它仅是掺合料颗粒表面层发生水化反应,通过强化界面层黏结强度达到节省水泥的目的,其本质相当于增大水泥熟料胶凝材料的体积,所以在经济许可的条件下,适当增加混凝土掺合料用量是合理的,即所谓的掺合料超量取代技术。

3)虽然混凝土掺合料的活性较低,但其活性也会因存放时间的延长而下降,故须尽可能使用新制备的掺合料,存放时也要防潮防雨。

4)加入混凝土掺合料的混凝土常因水化慢、早强低而表面发生泌水、碳化,出现"起砂"。这一点在低强度等级混凝土中表现特别明显,施工时可在混凝土未达到终凝前,及时用钢抹子二次或多次压光。

5)加入混凝土掺合料的混凝土常因流动性大、水化慢、施工时易发生过振导致部分轻质掺合料上浮而导致分层。要及时调整混凝土的和易性,适当提高混凝土的黏度,防止过振造成离析。同时由于粉体材料比例大,特别是当构件表面系数大、周围温度高、环境风大干燥时,混凝土易发生较多开裂,可采用二次复振方法来防止混凝土开裂,并及时浇水养护、覆盖塑料薄膜,因为这是早期干燥引起的塑性裂缝,不能采取掺加膨胀剂的方法处理裂缝。

综上可知,现在人们对矿物掺合料技术的重要性认识得还不够深刻,缺乏与生产和使用相配套的相关标准及规范。混凝土掺合料生产加工设备及工艺还不够先进合理,还有待于进一步研究。对混凝土掺合料在工程中经常出现的缺陷,采取的防治方法还不够规范合理。为能综合运用混凝土掺合料技术,掺合料生产应在专业工厂内完成。混凝土掺合料生产必须专业化、规模化才能最大效率地利用各种工业废渣。混凝土掺合料应按混凝土性能要求制备,这样才能科学、合理、有效地使用矿物掺合料来提高混凝土的品质,尽量减少水泥用量,降低水化热。

2. 建筑用保温砂浆研究技术与应用分析

我国建筑总能耗约占社会总能耗的30%以上。建筑节能也已成为当前和今后几十年必须面对的重大课题。然而我国建筑节能工作起步较晚,高耗能建筑比例大,节能形势不容乐观。而且社会各界对建筑物节能的意识仍然不够,对建筑物围护结构、保温系统和材料认识不足,这也在一定程度上阻碍了我国建筑节能技术推广的进程。保温砂浆作为一种绿色节能建筑材料,不但可以节约资源,利用工业废料,还可以节约能源,减少资源消耗,推进建筑业的可持续健康发展。

(1)保温砂浆研究技术与应用现状。

目前我国工程应用较普遍的有机保温砂浆为胶粉聚苯颗粒保温砂浆,而无机保温砂浆主要为以膨胀珍珠岩、玻化微珠等无机矿物为轻骨料的保温砂浆。传统开孔膨胀珍珠岩为多孔物质,存在大口孔隙,具有很强的亲水性,容易因吸水而导致保温砂浆的导热系数增加,降低其热工性能,限制了其在外墙保温砂浆中的推广与应用。目前使用较广的闭孔膨胀珍珠岩表面熔融,气孔封闭,不仅吸水率低,而且其导热系数也很低,为 $0.045 \sim 0.058W/(m \cdot K)$,接近玻化微珠的导热系数 $0.028 \sim 0.054\ W/(m \cdot K)$,新研发的玻化微珠保温砂浆蓄热系数大,隔热性能好,属不燃材料(A级),但在建筑市场上玻化微珠质量参差不齐,真正能够上墙施工且质量可靠的玻化微珠保温砂浆的导热系数在 $0.070W/(m \cdot K)$ 以上,限制了其在严寒地区外墙外保温工程中的应用。相对于无机保温砂浆而言,聚苯颗粒保温砂浆虽防火性能稍差,但密度低,导热系数小。近年来,胶粉聚苯颗粒保温砂浆在我国广大地区得到大范围应用,尤其是华东地区,这种外墙外保温体系的市场份额高达60%。

(2)吸水性能方面。

对于聚苯颗粒保温砂浆来说,其吸水性与采用的聚苯颗粒形态有关,通常利用破碎过的废弃聚苯颗粒为骨料的保温砂浆吸水性要强于新发泡聚苯颗粒为骨料的保温砂浆。这主要是由于新发泡生产的聚苯颗粒形态圆球度好,均匀完整,而废弃聚苯颗粒破碎后表面不规则,比表面积大,增大了砂浆需水量。此外,在无机保温砂浆中掺有机硅憎水剂,以及在无机保温砂浆表面喷涂液态憎水剂也是目前解决无机保温砂浆吸水性问题的主要措施。王智宇等非金属材料研究专家采用热雾化喷涂法用苯丙乳液聚合物改性膨胀珍珠岩,在一定程度上降低了膨胀珍珠岩的吸水率,提高了其强度。

玻化微珠、闭孔膨胀珍珠岩与传统膨胀珍珠岩相比,由于膨胀体表面玻璃化封闭物质的包裹,从机理上看,根本上解决了吸水率高的难题,吸水率范围分别为38%~84%和20%~50%,远远低于传统膨胀珍珠岩的360%~480%。而采用有机硅等憎水型添加剂还可更进一步降低其吸水率。但实际应用中,玻化微珠保温砂浆不论是生产过程、加水搅拌过程和施工过程中,都会受到不同程度的外力作用,而导致膨胀颗粒破损,吸水率增加,湿密度提高和导热系数增大的现象。玻化微珠保温砂浆也不太适合于机械化喷涂施工,由于输送轴的挤压和喷头高压气流的挤压,玻化微珠的破损量更加严重。这一问题在今后的研究中,主要是在设备的运行中加以提高改善。

(3)施工性能方面。

由于保温砂浆密度低,多孔疏松,保水性差,很容易出现分层离析的现象,并且在施工中保温砂浆易发生严重失水现象,不但影响砂浆的正常硬化,而且会导致砂浆与基层墙体的黏结程度下降,导致保温层开裂、脱落。通常加入引气剂、可再分散乳胶粉、纤维素醚和淀粉醚等各种聚合物和外加剂可以大大改善砂浆的施工性能。

但对于聚苯颗粒保温砂浆而言,膨胀聚苯颗粒与胶凝材料的亲和性是影响保温材料工作性和黏结强度的另一重要因素。目前生产的膨胀聚苯颗粒保温砂浆主要通过掺入高分子胶粘剂、偶联剂等有机聚合物来改善颗粒和水泥砂浆之间的黏结性能和亲和性,而加入乳胶粉也可解决施工中膨胀聚苯颗粒遇水易上浮、砂浆分层度大的问题。在膨胀聚苯颗粒保温砂浆中掺加有机聚合物的制作工艺主要为以下两种:直接分散混合和二次分散混合(也称表面改性)。

膨胀聚苯颗粒的级配、粒径也会影响保温砂浆的工作性能。一般认为,破碎膨胀聚苯颗粒级配良好,所配制保温砂浆的和易性、黏聚性优于新发泡膨胀聚苯颗粒。然而,用破碎膨胀聚苯颗粒配制的保温砂浆的吸水率增大,软化系数降低,抗压强度有所降低。因而,综合考虑保温砂浆的工作性能和力学性能,混合使用新发泡和破碎膨胀聚苯颗粒可以达到优势互补,而关于其最佳比例的确定,尚有待进一步深入探索。

(4)力学性能方面。

抗裂性能一直是保温砂浆研究中所关注的性能之一。抗裂砂浆的优化思路一般为,通过增加可再分散乳胶粉用量,实现压折比的降低,同时添加聚丙烯纤维和木质素纤维等来提高其抗裂性能。加入可再分散乳胶粉,通过聚合物在砂浆中与骨料间形成具有高黏结力的膜,从而使砂浆黏结强度得到提高,压折比降低。掺加一定数量的纤维在保温砂浆中形成规则的纤维网络,提高砂浆的内聚力和抗裂性。但纤维掺量过大,纤维之间易纠结成团,砂浆的和易性、抗裂性能会变差,一般纤维掺量不宜超过1%。此外,在保温砂浆中掺入粉煤灰,不仅可以改善孔结构及保温砂浆的施工性能、力学性能,还可以降低保温砂浆的线性收缩率。

(5)热工性能方面。

保温砂浆的导热系数与砂浆的干表观密度与含气量有关。一般保温砂浆的导热系数随其干表观密度的增大而增大,随含气量的增加而减小。原材料的选择和保温砂浆的骨料级配都会影响砂浆的热工性能。如聚合物干粉种类和掺量对新拌膨胀珍珠岩保温砂浆体积密度、稠度和含气量等性能的影响,以及其与保温性能之间的关系需要进行研究。国内较多的学者从改善保温砂浆级配角度入手,研究了保温砂浆的热工性能。使用单一级配的保温骨料易形成较多大空隙,这些空隙需要较多的胶凝材料填充,势必增大保温砂浆的表观密度,降低保温性能。通过混合不同的保温骨料组成复合骨料,可以改善其级配,从而减少或消除颗粒间的大孔隙,降低砂浆的导热系数。目前市场还有用膨胀珍珠岩、漂珠、粉煤灰等与原生或破碎膨胀聚苯颗粒复合作为保温砂浆骨料的保温砂浆产品。

保温砂浆的含气量对干表观密度和导热系数有较大的影响,并存在一定的数学关系。现介绍外加剂掺量对膨胀聚苯颗粒保温砂浆性能的影响。提高含气量,在保温砂浆中引入均匀微气泡,可以优化新发泡聚苯颗粒原本单一的级配,提高砂浆的性能。

综上所述,当今社会要求绿色建材,节能环保已成为人类永恒的主题。使用保温隔热性能好、防火安全性强的保温砂浆绿色环保材料是当今建筑节能发展的总趋势。然而,目前我国保温砂浆的研究与应用中尚面临较多难题。例如,保温砂浆的市场缺乏规范管理,保温砂浆质量参差不齐;特别是新兴的玻化微珠保温砂浆在实际应用中,存在着圆球度差、易破碎等现象,给工程质量带来一定影响。对此,政府部门应加强对市场的监管与控制,规范技术机构应重视对产品的检验与监督。

在建材研究领域,保温砂浆材料的开发研究相对较少,方向较单一,而且大多数研究工作只着重保温砂浆的配合比设计,缺乏对保温材料的基础研究与原理探索,对保温砂浆的热工性能及其影响因素之间的关系研究也不够透彻,而对耐久性和施工性的研究更是少之又少。如何权衡与兼顾保温砂浆的力学性能、保温性能、耐久性能与施工性能,仍需要不断进行探索和实践。

3.混凝土结构工程中钢筋的施工质量控制

钢筋工程的施工是建筑物主体结构施工过程中极重要、极关键的技术措施之一,严格控制钢筋工程施工的每一道工序质量,是确保整个建筑工程施工质量的关键环节。因此,在钢筋工程施工过程中,必须从每一道工序入手,层层把关,严格遵守上一道工序,在三检制及监理检查合格后,方能进入下一道工序的施工原则。

(1)施工前的准备。

1)技术准备。①组织技术人员及工长、班组长熟悉图纸,了解结构特点,考虑钢筋穿插就位顺序,做好内业翻样工作。②提前提供各部门的材料计划,进场钢筋分类、分规格堆放整齐,并且做好各种规格的材料外观检查和力学性能试验,试验合格后方可使用。③组织人员培训,学习规范和操作规程,熟悉图纸和料表。特殊工种人员必须经考核合格后方可持证上岗。

2）现场准备及材料准备。①施工现场清理干净，搭设钢筋加工间及操作平台，安装机电设备（如卷扬机、弯曲机、切断机、电焊机、切割机）并进行维修、保养、就位、调试，搭设好钢筋操作平台和机械防护雨棚，确保正常工作。②准备好足够的钢筋原料，钢筋的材质要求符合要求，另外准备好绑扎用的火烧丝等。③机械连接所需的各种辅助材料，且必须具有出厂合格证。④搭设好机械操作和操作间防护雨篷。

3）机械设备的准备。根据钢筋加工及连接要求，准备好切断机、弯曲机、卷扬机、电焊机、砂轮机、剥肋滚轧直纹套丝机、冷挤压机械、闪光对焊机等。

（2）钢筋质量及基本构造要求规定。

1）钢筋材质要求。①钢筋进场必须要有出厂合格证明及试验检测报告，钢筋表面及每捆钢筋均应有标识，外观检查合格，现场抽样进行力学试验必须合格。②钢筋抗拉强度实测值与屈服强度实测值不应小于1.25，钢筋屈服强度实测值与钢筋强度标准值不应大于1.3。如有一项试验结果不符合要求，则从同一批中另取双倍数量的试样重做各项试验，如仍有一个试样不合格，则该批钢筋为不合格品，进行退场处理。③钢筋进场要按规格、型号分类码放，钢筋下方要用木方垫起，防止水泡生锈。进场钢筋要分级、分规格做好标识，对钢筋规格、已检、待检、合格与否、进场日期、数量、货源厂家等要标识清楚，对复试结果未达到要求的要立黄牌提示，严防不合格的钢筋混入料场。④进场后钢筋要及时做好台账，注明出厂的合格编号，复试单编号及其合格与否，而且试验室取样复试的试验报告单也应注明现场钢筋垛号与材料台账的编号一致。

2）基本构造要求。①钢筋保护层根据每个工程的设计要求及质量要求而定，但梁的保护层厚度在30mm左右，而板的保护层厚度在20mm左右，基础保护层厚度在40mm以上。②钢筋搭接、描固必须符合图纸的设计要求和国家有关规范的规定，且不同品种钢筋的搭接、描固长度各不相同。

（3）钢筋的翻样方法要求。

1）钢筋配料翻样。钢筋下料长度及下料步骤。先计算下料长度及根数，填写配料表，切断钢筋，挂牌编号。再对下料长度进行计算。直钢筋下料长度＝构件长度－保护层厚度＋弯曲调整值。弯起钢筋下料长度＝直段长度＋斜弯长度＋弯钩增加长度－弯曲调整值。箍筋下料长度＝箍筋内（外）周长＋箍筋弯曲调整值＋弯钩平直长度。

2)翻样时的注意事项。①配料计算时,钢筋的形状、尺寸必须满足设计要求,同时尽可能做到长料长用,短料短用,以节约钢材。②配料时,对外形复杂的圆弧、椭圆弧钢筋及其他异形钢筋应现场采用 1∶1 放大样尺量钢筋长度,以求准确。③配料时,注意接头的位置错开,且位置合理符合规范要求。

3)钢筋加工。①加工顺序:复检进场钢筋—钢筋调直及除锈—钢筋切断—钢筋弯曲成型—按规格、型号、部位捆扎分类堆放且挂标识牌。②钢筋除锈。严禁使用有颗粒状或片状老锈的钢筋,对于表面有浮锈、水锈的钢筋人工用钢丝刷除锈。③钢筋的调直。工程中主要有 I 级盘圆钢筋需调直,采用 1.5T 卷扬机拉直,拉直时就注意控制好钢筋的冷拉率小于 4%。粗钢筋采用人工调直。冷拉盘条时应在冷拉机卡具端至地锚卡具之间划定长度,作为冷拉钢筋的切断长度,再按此长度根据冷拉率计算出拉伸总长度、切断长度并且划出标记,以此控制冷拉率。

4)钢筋切断:①工程中凡是用于电渣压力焊、直螺纹连接部位钢筋均采用砂轮切割机切断下料,除此之外均用切断机下料。②钢筋切断应根据钢筋编号、直径、长度及数量长短搭配,先切断长料后断短料,尽量减少和缩短钢筋接头,以节约钢材。③钢筋切断过程中,如发现钢筋有劈裂、缩头或严重的弯头等必须切除。钢筋切断长度要求准确,允许偏差±10mm。

5)钢筋弯曲成型:①弯曲机转速:($\phi 8$mm 以下钢筋弯曲采用高速,$\phi 18 \sim \phi 22$mm 钢筋弯曲采用中速,$\phi 5$mm 以上钢筋弯曲采用低速)。②钢筋弯曲时应先画线,不同的角度将线划出,同时根据加工牌上标明的尺寸将各弯曲点划出,再根据钢筋外包尺寸,扣除弯曲调整值,以保证弯曲钢筋弯曲成型后的外包尺寸准确无误。

6)成品钢筋的堆放要求。加工好的半成品钢筋应按规格、部位、尺寸堆放整齐,并挂标牌示意,转运或搜寻半成品钢筋时,应小心装卸,不得随意抛卸,避免钢筋变形,并注意不要碰坏标识。

(4)钢筋绑扎要求。

1)基础钢筋绑扎。

A.底板钢筋绑扎前,在底板面上先弹好墙线、暗柱线、门窗洞口线,用红油漆做好标识,然后弹好底板的钢筋线,底板的第一根钢筋从墙边 50mm 开始弹线,同时注意有窗井和竖井位置时,画线应先画出窗井两侧的然后向中间排筋。画好底板钢筋分档标识后,开始摆放下筋,拉线拉直。

B.基础钢筋施工顺序:集水坑的钢筋绑扎—短向底板下层筋摆筋—长向底板下层筋摆筋—绑扎板下层筋—施工马凳—长向底板上层摆筋—短向底板上层摆筋—绑扎板上层筋同时绑扎底板的拉钩—插柱、墙钢筋。

C.底板下钢筋绑扎完毕后,及时安放柱定位箍筋,墙水平定与底板钢筋绑扎牢固。穿放上层筋,将加工好的铁马凳搁在底板下层钢筋的下筋上,间距1200mm,并用铁丝绑扎好。

D.底板钢筋的保护层根据设计而定,使用高强度等级水泥砂浆制作垫块,间距800mm×800mm,梅花形布置。

E.基础钢筋绑扎采用20号火烧丝,绑扎头呈八字形布置。钢筋接头位置:下铁在跨中,上铁在支座,连接方式根据设计而定,接头位置错开35d以上,而且尽可能不放在同一跨度间,底板钢板边跨锚固要满足要求。

F.集水坑和电梯井的钢筋绑扎:底板的集水坑和电梯井呈异形,制作时根据现场实际放样。放样方法:用ϕ12mm的钢筋在现场按照坑的形状尺寸加工并在坑内摆放好,同时在底板上用马凳摆放在底板的转角处,然后具体量出坑内的每根钢筋的长度。最后再加工,加工注意对加工的每个钢筋部位的钢筋要标示清楚,画出简图,以便于摆放钢筋。底板钢筋绑扎前必须先绑扎好坑的下层钢筋,然后按照顺序摆放钢筋,同时注意钢筋的上口平齐,坑的上口钢筋待板筋绑扎时再进行绑扎。

G.墙体钢筋及暗柱插筋按设计图纸要求,伸入底板下铁上表面,根据弹好的位置线,将插筋绑扎固定牢固。外墙插入底板内的钢筋必须绑扎3道水平筋。

2)柱、墙钢筋绑扎要求。

A.绑扎顺序:弹线—检查纠正偏位—竖向连接—划出平分格线—摆筋或套箍筋—绑扎—安放保护层垫块。

B.绑扎柱、墙筋前必须检查立筋的垂直度和保护层,个别有偏位的在1∶6范围内调整,严禁弯成豆芽状。受混凝土浆污染的钢筋用钢丝刷清理。

C.柱钢筋和墙水平筋按预先抄好的水平线划好间距,确保水平。绑扎墙第一道水平筋或柱第一根箍筋时从结构面向上50mm。当墙第一道水平筋与暗柱第一道箍筋重叠时,允许暗柱第一道箍筋下移,但距结构面不得少于20mm(大于混凝土粗骨粒径)。

D.墙体钢筋先绑扎暗柱筋,后绑扎墙体钢筋。暗柱钢筋的绑扎同上,墙体双排钢筋网按图纸要求绑扎好钢筋,拉筋的间距:加强区为400mm,非加强区为 600mm。

E. 柱箍筋接头应交错布置在 4 个角的纵向钢筋上,主筋到角到位,紧贴箍筋。绑扎过程中每封墙的大角部位应先吊垂线校正并临时固定,防止立筋在施工过程中有倾斜现象,然后再画线绑扎箍筋,绑扎过程中随时进行校正其垂直度,并注意箍筋是否水平。如有不水平的现象及时调整。

F. 柱、墙钢筋绑扎完毕后,在支设好的模板上口位置处采用柱定位框、墙水平梯子筋,并固定好间距和排距,防止混凝土浇筑时产生偏位,柱定位框、墙水平梯子筋可周转使用。

G. 墙竖向梯子筋间距 2000mm,当两暗柱间距小于 2000mm 时可不加竖向梯子筋,墙竖向梯子筋可充当墙立筋,但梯子筋规格应比同部位墙体立筋规格高一规格。

H. 所有暗柱锚入底板内均需设箍筋。

I. 墙立筋接头距结构面不小于 35d 且不小于 500mm 和净高的 1/6,接头错开间距 47d,错开率为 50%。墙立筋搭接长度必须根据混凝土不同的强度等级符合设计规范和规范要求。水平筋接头错开的间距不小于 500mm。绑扎搭接接头必须满足 3 道扎丝,距端部 50mm 各 1 道,中间 1 道,立筋搭接部位的水平筋不得少于 3 道。

J. 墙栓留洞:洞口单边尺寸小于 300mm 时,该单边原有钢筋不切断;从洞口尺寸在 300~800mm 时,需按设计要求加筋;当洞口尺寸大于 800mm 时,需按各部位要求加过梁筋、暗柱。

K. 墙体钢筋绑扎时,地下室部位外墙的水平筋在竖向筋的内侧,而地下室内墙及地上部分结构外墙的水平筋在竖向筋的外侧。

L. 对于剪力墙与楼梯休息平台的预留钢筋要按统一放置,与墙立筋及水平筋绑好,并与墙面保持平行,检查合格后,方可先合靠近预留筋一侧的模板。合模时随时观测预留筋位置是否移动,若出现位移应立即派人隔着墙筋在另一侧整理好后,方可合另一侧模板,并进行固定。

3)板钢筋绑扎要求。

A. 板钢筋绑扎顺序:弹线→摆下层钢筋→绑扎→安放马凳→摆上层筋→绑扎→垫保护层垫块。

B. 绑扎板筋前在模板上弹好板筋位置线,带线绑扎,确保板筋的间距符合设计要求,其中第 1 道和最后一道板筋距支座边 50mm,绑扎时弯钩按图纸朝向一致。板筋搁置在梁或墙上时在板筋的弯钩处设置一根同板筋规格的钢筋,并绑扎牢固。

C. 双层板筋之间用双工形马凳间距 800mm,ϕ20mm 钢筋制作。马凳垂直于板上层受力筋方向通长布设,钢筋不重叠在一起,马凳高度为板厚减去下层钢筋加上层双层钢筋的直径与保护层厚度的和,马凳支脚处板筋下必须垫放保护层垫块。

D. 板筋接头位置:上铁在跨中,下铁在支座,接头百分率为 25%。当采用搭接接头时,搭接长度要符合设计要求,接头错开距离为 1.3 倍长度。

E. 后浇带位置的板筋为保证钢筋间距和保护层厚度,在两层钢筋之间摆放定位夹。同时注意板筋在后浇带位置是否断开根据设计要求而定,而墙筋在后浇带位置不断开。

(5)钢筋工程的验收与隐蔽。

1)加工过程中的三检制:半成品加工时,每断一批料、每加工一批箍筋等,完成后操作者检验合格,经加工班组检验合格后,填报自检、互检合格单,向绑扎班组移交,绑扎班组应对接受钢筋所用部位钢筋的规格、尺寸、质量(核对图纸)进行核对检验后,方可进行该部位施工。

2)绑扎过程中的三检制:每个检验批施工完毕后经自检、互检合格后,填报自检、互检合格单及验评记录,向质量专检部门报验,质量专检部门检验合格后,填报隐蔽工程检查记录,报监理单位验收合格后,方可进行下一道工序施工。换言之,墙体钢筋验收合格后,可支设墙体模板;楼板钢筋验收合格后,钢筋可以隐蔽,浇筑楼板混凝土。钢筋工程施工过程中严格按以上各施工要点和控制要点施工,都能满足施工验收要求。

通过上述在混凝土结构中,严格控制钢筋工程施工的每一道工序质量,确保整个建筑工程施工达到质量验收标准,每道工序的合格是关键环节。

4. 建筑材料质量的检测与施工控制

建筑工程质量差不仅会威胁到人民的生命财产安全,更会对社会造成巨大的资源浪费,使用材料的一小部分变成建筑垃圾,给环境造成一定污染。建筑工程质量问题产生的原因多种多样,其中最主要的是建筑中使用的材料质量低劣。

建筑工程材料质量的检验就是使用仪器和设备,对使用材料进行检测,评定受检材料是否达到国家规定的标准。正常情况下,最常见的所使用的工程材料质量检测系统可以完成的检测项目包括混凝土抗压、砂浆抗压、混凝土抗渗、砂浆抗渗、混凝土配合比、钢筋机械连接、钢筋焊接质量等。作为工程技术人员,对工程中常使用的建筑材料质量检测中控制重点及手段进行了解掌握,有利于施工过程的质量控制。

(1)建筑工程材料质量检测存在的问题。

1)从事建筑业各工种人员的素质相差较大,检测人员也不例外。而建筑工程所使用的各种材料的检测需要依靠精密的仪器进行测试,既要求操作人员有良好的责任心和职业道德,也要求工作人员具有较强的专业业务能力,更加需要工作人员具有丰富的检测经验和工程应用知识。现实中很多从业人员由于工作经验、专业知识、个人理解能力、工作态度存在一定差距,造成检测过程出现一定偏差,直接影响到建筑工程安全耐久性。

2)目前,建筑工业的发展迅速,建筑市场繁荣且各种材料品牌多样,类型复杂虽有统一生产标准,但其材质存在较大差异,因此,同类产品之间质量也不尽相同。

3)在检测方法上,各地检测程序与标准并不统一,加之各地检测仪器及检测管理系统不同,这在一定程度上也影响到工程材料质量的检测结果。

4)检测手段比较简单。尽管信息化得到很大提高,给建筑材料的检测带来很大方便,但是纵观全国的很多地区,依然沿用传统的手工填写数据、人工计算统计方式,这既增加了工作的烦琐程度,又可能会造成一些数据误差,给建设工程质量和安全埋下一定隐患。

5)施工单位的材料采购无计划,现场管理无序,存放不规范,也不贴标识牌,混乱堆放;当先进的水泥受潮,钢材雨淋生锈变质腐蚀时,就失去了本来的质量性能。材料检测不及时、抽样不严格、漏检、错取样、将不合格的材料当作合格材料使用,这都会造成较大的质量隐患。

6)消费者维权难。现在建筑市场用的装饰材料日益多样化,消费者缺乏辨别能力,即使发现问题想维护权利,但是诸多因素使其很难获得索赔。

(2)工程材料的检测与控制措施。

1)进场材料的抽样检测。按照施工及验收规范要求,对于进场的材料必须按比例取样进行复检,合格以后才能用于工程。这些需要检测的使用材料包括土建、水、电、门窗、保温节能材料及幕墙用材、消防材料等。材料、成品及半成品材料的进项外观检查主要是其外观感质量、尺寸,如苯板重量、性状及数量等。另外,还要对材料的质量证明文件详细检查,相比于材料的外观部分,材料的内在质量更加重要。

按照材料检验方法的不同,分为普通送检、见证取样送检、不合格材料复检和监督抽检。当材料进场复检出现不合格时,对于规范允许重新取样双倍复检的材料,必须在现场监理的见证下,由施工单位技术人员按照相关规范具体要求,重新抽取两倍试件进行检测,合格后才能用于工程。对于各种类建筑材料、建筑构配件和设备,若是检测不合格不得使用,在建设监理及施工单位的见证下就地封存,并通知质量监督人员清除出场处理。对于规定允许可以重新取样双倍检验检测的材料,经过监理看到检测合格证后方可使用。若检测仍然不合格则要对材料现场封存,并通知监督部门进行见证处理。

2)材料进场后的质量控制。材料进场时,还要按照设计要求进行检测验收,工程上使用的所有原材料,都必须经过先审批后才能进入施工现场,质检人员在日常监督检查和巡视工作中,应将工程材料进场复验情况作为重点工来作抓,进入现场的原材料与提交的资料在规格、品种、型号上必须一致,每次检查中应认真核对施工记录和进场材料复验报告,查证材料进场复验频次、数量、报告结果是否满足要求,是否存在先使用后检查的不良做法。不同厂家、不同品种、不同种类、不同型号、不同批号的材料是否分别存放,不混乱杂存并有专人管理。对于发现的问题应及时签发监督文书,便于追踪其质量,对分析质量事故的原因也有一定参考作用,并对责任单位进行不良行为记录。

3)试验误差的控制。材料试验方法必须严格执行国家相关文件规定进行。但是也存在个别试验人员为了节省时间,在做钢筋拉伸试验时只试验到试件出现颈缩而不将其拉至断裂,这样做是不合适的。这样处理肯定会造成试验结果的误差,但这是工作人员可以控制的,并不属于试验差错。钢筋不被拉断,其测试求得的伸长率较规定的试件断后伸长率要低,与标准规定相违背,这也是不允许的,而焊接钢筋由于不需要测定伸长率,可以在试件出现颈缩现象后停机。试验要求必须准确以减少差误。

(3)完善建筑材料质量检测体系。

现在的状况是,工程检测管理软件在单位质量检测的应用上并不完善,而仅仅是替代手工操作而已。所用软件的一些功能系统比较差,也存在功能不全面、性能档次低的问题,在一定程度上严重影响到工程材料的检验质量结果及效率。建筑材料质量检测所需软件系统应当具备以下几个方面的功能:系统要能够准确并及时为各级工程质量监督部门实施有效的质量控制提供准确的依据,尤其是涉及工程质量和安全隐患的不合格检验项目的依据,能够通过网络及时传播给相关部门。可以有效地提高质量监督管理工作的科学性和权威性,更好地实现工程质量的控制目标。

采取对所建工程的编号、名称、委托单位、联系人、监理单位、见证单位等信息全面登记的措施,信息会在收样管理、报告编制等子系统得到调用。为了便于管理,具体样品收样与报告发放工作一般会放在窗口进行;同时考虑到在同一界面上处理收样信息,报告发放信息,可以清晰地体现出各试验项目的业务处理情况。因此,该软件系统将样品的收样管理、报告发放等工作放在同一子系统中进行处理。该软件系统应实现钢材焊接、钢材力学、混凝土抗渗、混凝土抗压、混凝土抗折、混凝土配合比、水泥土、砂浆、砂浆配合比、砂粒级配、烧结多孔砖、烧结普通砖、石子试验、水泥、保温材料、保温砂浆、幕墙龙骨、胶粘剂、防水材料、门窗等多种类型试验的收样管理,报告发放管理。对于每种试验项目,系统均有独立的收样窗口,显示出各自试验项目的收样信息。

综上可知,要求提高建筑工程施工质量,就必须不断地提高建筑工程材料本身的质量。作为专业技术人员,要学习和理解现行规范的相关规定要求,严格要求自己,以身作则,并在工作中不断总结经验教训,以提高对建筑用材料质量控制的工作水平,并保证所检测材料结果的真实性,确保建筑材料的质量和建筑工程质量的安全耐久性,为使用者提供高品质的建筑产品。

5.防水密封材料在建筑工程中的应用

我国现行的防水规范、构造图集、密封防水材料在工程中有大量设计应用,几乎到了遇缝就设计密封材料的程度。而现实工程中,密封防水材料在工程中的用量却并不多,这可从密封材料生产企业在建筑防水工程中的销售量得到确切的印证。形成这种不良现象的主要原因是:①重视程度不够。密封防水材料在工程中不被重视,对密封材料在提高防水工程质量中所发挥的作用认识不足。②使用位置不合理。对正确使用密封材料的工程部位认识不足,遇到缝隙就设计用密封材料,这其中相当一部分设计对提高建筑防水性能不发挥任何作用,并造成了经济上的浪费。③使用方法不科学。对基层的表面性能要求认识不足,基层处理不符合要求,只是把密封材料嵌入缝处,造成密封材料易产生黏结破坏,导致密封材料未充分发挥阻水的作用。

（1）防水材料的分类与作用。

密封防水材料分为定型和不定型（膏状）两种。①定型密封材料包括橡胶止水带和遇水膨胀橡胶止水条；②不定型密封材料包括硅酮密封胶、聚硫密封胶、聚氨酯密封胶、丙烯酸酯密封胶、丁基密封胶、改性沥青密封胶等。

整体性是防水层必须具备的基本属性，可现实中防水层存在各种各样的透水接缝，密封材料应正确地应用到这些透水接缝处，把接缝两侧的防水层连接到一起，密封材料在接缝处发挥黏结整体作用，通过使用密封材料，使防水层具备整体性无缝隙，使防水层之间的接缝具备水密性和气密性，这是使用密封材料的真正目的。

密封材料应满足两个条件：①收缩自如，能适应接缝位移并保持有效密封的变形量；②接缝位移过程中不产生黏结破坏和内聚破坏。在建筑防水工程使用过程中，密封材料处在长期浸水的状态时，也应满足上述两个条件。

（2）密封材料在使用中的控制。

1）嵌入式接缝一般要求：建筑接缝的深宽比设计要求为 0.5~0.7，缝底放置填充材料，用以控制密封材料的嵌入深度，填充材料上覆盖隔离材料，防止密封材料与缝底黏结。为防止接缝位移时密封材料溢出接缝表面，密封材料的嵌入深度宜低于接缝表面 1~2mm。

密封材料与接缝两侧的基层必须黏结牢固，当接缝位移变形时，密封材料随之伸缩应变，从而使接缝达到水密、气密的目的。这种接缝密封适用于防水砂浆之间、防水混凝土之间及防水砂浆、防水混凝土与金属（塑料）构（配）件之间的接缝密封部位。

2）覆盖接缝的要求：密封材料黏结于接缝两侧的基层上，当接缝发生位移变形时，密封材料随之伸缩，从而使接缝达到水密、气密的目的。覆盖接缝密封适用于卷材之间、卷材在女儿墙和金属（塑料）构（配）件上收头的接缝密封。现行《屋面工程技术规范》（GB 50345—2012）中对密封材料作了如下定义：能承受接缝位移以达到气密、水密目的而嵌入建筑接缝中的材料。根据定义，密封材料是"嵌入"建筑接缝中，该规范的条文说明中，建议接缝深宽比为 0.5~0.7。可以看出，该定义主要针对密封材料的第一种使用形式。覆盖接缝的密封形式在《屋面工程技术规范》（GB 50345—2012）规范中有大量的设计，密封材料并没有嵌入接缝中，或者接缝的深宽比与规定的 0.5~0.7 相差甚远。此外，密封材料的定义也不包含定型密封材料的使用方式。因此,把密封材料规定为单纯的嵌入接缝中,没有包含密封材料在大面积覆盖层的缝处使用形式,似有不全面性要求。

(3)密封材料应用范围的确定。

把密封材料应用到合理的工程部位上,不仅可以使密封材料发挥应有的功能,而且可以避免造成浪费。

1)必须设计规定密封材料使用的工程部位:密封材料是把防水层连接在一起的"桥梁"材料。因此,接缝两侧的材料必须具备防水性能,如果接缝两侧的材料不具备防水性能,或者其中一侧的材料不具备防水性能,水可以通过不具备防水性能的一侧渗透,在接缝中或接缝表面使用密封材料就会毫无效果。

目前工程中适用于使用密封材料的接缝有 5 种:①柔性防水材料之间的接缝;②刚性防水材料之间的接缝;③柔性防水材料与刚性防水材料之间的接缝;④柔性或刚性防水材料与塑料或金属构(配)件之间的接缝;⑤塑料或金属构(配)件之间的接缝。由于不定型密封材料均为柔性材料,应在迎水面使用,不适宜在背水面应用。在地下建筑的规范、图集中,密封材料设计在混凝土变形缝的背水面,存在事实上效果不理想的情况。

2)不必设计密封材料使用的工程部位:雨衣是由多片防雨布组成的,生产雨衣时,防雨布之间的接缝必须做防水密封处理。雨衣之内是服装,我们从来没有因惧怕雨淋而把服装的接缝也做防水密封处理。防水层如同建筑物的雨衣,因此,只要在防水层的接缝处使用密封材料,使接缝具备水密性,即可达到使用密封材料的目的。基层及结构层上的接缝,如同人们日常衣服的接缝,完全不具备水密性,即不必使用密封材料。

(4)对接缝两侧基层表面性能的要求。

在实际工程中,渗漏处接缝中的密封材料很少产生内聚性破坏,大多产生黏结性破坏。这表明,在这些缝隙中,密封材料与基层之间的黏结力不能满足接缝位移变化的需要。影响密封材料与基层之间黏结力的因素很多,除密封材料本身的性能外,与基层的表面性质有重要的关系。

在《屋面工程技术规范》(GB 50345—2012)中第 8.1.2 条对使用密封材料的基层做出了严格规定,使用密封材料前,基层应牢固、干燥,表面应干净、平整、密实,不得有蜂窝、麻面、起皮、起砂等现象,这些规定对提高密封材料与基层之间的黏结力十分有利,应予以坚决执行。对这一规定的解释,在条文说明中有详细要求,对条文说明中未涉及但很重要的方面,浅要分析如下。

1)基层表面干净程度要求:需要基层表面干净的目的,是防止密封材料与基层之间存在隔离层,使密封材料与接缝两侧的基层之间具有较高的黏结力。通常认为,干净的标准是基层表面无浮灰,这是一种错误的认识,基层表面不仅应无浮灰,而且也不应有强度较低的材料,这种强度较低的材料起到了隔离作用,降低了密封材料与基层的黏结力。

对不同的基层,应清除的隔离层如下:①金属构(配)件:应清除其表面的铁锈、油污、油漆,必要时应采用砂磨、酸洗等措施,直至露出金属本体。②塑料管(配)件:制造商为追求塑料管(配)件表面光洁,在成型过程中,加入了石蜡等润滑材料,石蜡附着在塑料管(配)件的表面,是一种看不到的隔离材料,应予以清除。清除可采用棉纱蘸取有机溶剂(丙酮、油漆稀料等)擦拭。③水泥砂浆、混凝土基层:看似坚固的水泥砂浆、混凝土表面,存在一层强度薄弱的素水泥浆浮层,这一薄弱层不仅产生隔离作用,而且耐水性能很差,严重影响了密封材料与水泥砂浆、混凝土基层之间的黏结力。对这一强度薄弱层,小面积可采用砂轮湿磨予以清除,大面积可采用基层处理剂对其加固,提高基层表面强度和耐水性。④卷材基层:不同的卷材表面有不同的隔离层,如隔离纸、PE(Polyethylene)膜、铝箔、滑石粉等,这些隔离层必须予以清除,使密封材料黏结在卷材面层上。

2)基层表面的干燥程度要求:由于目前市场上出售的水性丙烯酸酯类密封材料耐水性比较差、干燥收缩量大,只能应用在干湿交替的工程部位,在长期浸水的防水工程中不宜采用。防水工程应优先选用采用溶剂型或反应固化型(油性)密封材料。使用溶剂型和反应固化型密封胶时,基层必须干燥;以提高密封材料与基层之间的黏结力。当基层为塑料、金属、防水卷材时,很容易做到干燥;当基层为水泥砂浆、混凝土表面时,应在完工 10d 后方可嵌填密封材料,并应在施工前充分晾晒干燥。基层的干燥方式应以自然干燥为主,尽量避免喷灯加热干燥。因为采用喷灯加热干燥时,火焰会损坏塑料管件和有机防水卷材,过度加热还会造成水泥砂浆、混凝土崩裂。

对于有工期要求的工程,在规定的时间内基层不可能自然干燥时,应选用其他密封形式,如在水泥砂浆、混凝土接缝中设置遇水膨胀止水条,它依靠自身的膨胀力与基层连接在一起,对基层的干燥程度要求不高,潮湿基层仍可使用。

3)界面处理剂:在基层表面应涂布界面处理剂。在现实工程中,界面处理剂的作用往往不被重视。使用界面处理剂可达到几个目的。

A. 增强密封材料与基层之间的黏结力,防止产生黏结破坏。

B. 对于防水砂浆、混凝土基层,还可增强基层的耐水性能和强度。因此,各密封材料生产企业应根据自身产品的配方,针对不同材质的基层,提供与之配套的界面处理剂。

综上可知,建筑工程中使用密封防水材料时,接缝两侧的基层应具备防水性能,基层表面应进行必要的处理。建议密封材料的定义应包含密封材料的全部使用形式。希望业内人士认真思考密封防水材料的作用原理,使地下及屋面建设工程长期正常使用,达到正确使用密封防水材料的真正目的。

6. 建筑材料的质量与检测监控

建筑工程质量与人们的生产、生活息息相关,也关系到人们的生命及财产安全。因此质量控制是建筑工程过程中最关键的一个环节。而建筑原材料的质量对整个建筑工程质量的影响是直接的,原材料的质量是整个建筑工程质量的前提与保证。因此,对于原材料的质量控制至关重要,必须按照现行国家和行业的相关规范与标准,对建筑材料的各项技术指标进行试验和检验,并对其质量是否合格做出准确的测定,以减少或杜绝将质量不合格的材料用于在建工程中。

(1)常用建筑材料质量影响的因素。

1)建筑材料无计划盲目供应,不规范堆放混放,无标识,管理不当,不采取相应的措施,如水泥有使用期,钢材日晒雨淋,产生变质锈蚀,失去原来的基本性能。

2)进场用建筑材料检测不及时,漏检(如水泥在北方地区可存放 6 个月,南方规范规定可存放 3 个月),把过期不合格的材料按合格品使用,造成不应有的质量安全隐患。

3)施工中由于钢筋长度不够需要焊接或连接工艺水平比较低,焊接后未及时检测控制就直接用于工程,影响到力学性能达不到设计的要求,而套筒连接工艺是比较有效的连接方式。但是在具体操作中,套丝扣钢筋端头是斜槎,所套丝扣一侧则没有,一些丝扣长度则不够,有效扣长度不足 20mm,而且在连接时不用扳手上紧,个别只是用手直接拧紧,虽然套筒工艺效果最可靠,但人为不合格因素依然存在。

4)建筑材料半成品构件(如预制混凝土梁、加气混凝土砌块等),未达到养护龄期则运至工地,也不进行继续养护,未达到强度则直接安装使用,砌块直接砌在墙上,造成一定的质量和安全隐患。

(2)对建筑材料的质量检测。

1)试验检测项目:建筑用材料种类繁多,所用的各种材料进入建设工地后,按照规定必须进行抽样试验检测,其检验项目也要符合国家、行业及企业相应标准。建筑工程主要使用的大宗材料有水泥、钢筋及砂石料等。例如,水泥是必检项目,主要检测内容包括安定性、强度、细度、初终凝时间等。而钢筋应检测其抗拉强度、冷弯及反复弯曲、焊接质量等内容。粗骨料石子则检测其强度、连续级配、压碎值指标、含泥量及软弱性比例等。细骨料砂子则检测其强度、级配、含泥量、细度模数等。而混凝土则主要检测其抗压强度、和易性、坍落度及配合比等。

2)试验样品的采集。试验样品应该具有最大的代表性,一般取样是在一批材料中随机抽取不同部位的规定数量的样品作为试样。取样的位置及方法也必须符合要求,不允许特意为试验而做试样。比如在采取钢筋焊接试样时,严禁特意地制作试样。试样的数量对试验的结果准确性有一定的影响,若是数量太少,取样的方法及部位也存在一定偏差,那将试验的误差也会大大地增加,有时候会出现相反的结果。因此,试样的采取方法、数量及部位都必须严格按照取样规定进行,以减少影响因素。

3)试验中产生的误差。引起试验产生误差的原因有多种,如试验的方法不正确、试验环境的温度及湿度产生的影响、人为因素等。尤其是试验操作人员不按照操作程序进行试验,其试验结果不仅仅是误差而可能是错误。例如,有的试验人员在进行钢筋拉伸试验时,当钢筋出现缩颈时便停止操作,而不是把钢筋拉断,这是一种不正确的做法。因此,得到的断后伸长率结果是错误的,该错误也是一种人为的失误。由于钢筋没有被一次性拉断,得到的断后伸长率结果要远远低于实际值。其原因可能是操作人员将钢筋拉伸试验与钢筋焊接拉伸试验做法混淆了。钢筋焊接质量检测不需要做断后伸长率,对此只要拉至钢筋出现缩颈就可以停止。对拉伸试验必须掌握好试验要求的方法,避免产生失误非常重要。

4)对数据的处理。有时同一组试件的试验结果数据离散性比较大,为了确保试验的准确性,必须对一些材料的试验结果数据进行合理处理。例如,进行水泥胶砂强度抗折试验时,如果其中一个试件的强度值超过了平均值10%时,那么处理就是剔除这个数据,而直接把另外两个的强度平均值作为试验结果。另外,混凝土及砂浆的抗压强度平均值都有各自的计算规则,而并不是简单地把数据相加。计算得到的结果尾数应当按照四舍五入单双法进位,其位数也必须满足规定要求。

试验结果有时也可能产生过大或过小,同一组试件的试验结果数据有时也会差距过大;或者同一试件的各项技术指标出现矛盾的现象,对于可能出现的这些结果,必须认真分析对待,查明原因并及时进行重新试验。

(3)质量控制的一些措施。

1)加强对进场材料的检查力度。为确保建筑材料的质量合格,对进入施工现场的各种材料必须进行检验。建筑工程使用的材料、器具及设备的质量必须合格,其规格型号及性能、技术指标检查报告符合现行规范要求。对所使用材料按照规定由监理工程师对外观进行验收,并按规定见证取样送至有资质的试验机构进行试验,目的是材料检验必须合格,否则不允许用于所建工程。同时,对于实行生产许可证和安全认证制度生产的产品,应该具有许可证编号及安全认证标识。在材料选择前应复核检查其他生产许可证和安全认证标识的原件,以防假冒伪劣产品。

另外,当建筑材料进入施工现场后,必须检查其规格、型号、性能指标、产地、数量、外观质量等是否符合采购合同要求及是否与样本一致。若不符则退回厂方。对于关键性材料及设备,要派出专人到生产现场进行监督和制作控制。例如,采用集中搅拌商品混凝土,就应该让技术人员在商品搅拌站监督其生产配料过程,监督厂方是否严格按配合比配料,检查水泥品种是否相符,各种原材料及外加剂品种及用量是否相符,以确保拌和料的质量。但是这也是施工方容易忽视的问题,从而造成材料质量无法得到保证,对结构留下质量隐患。

2)强制性检测。为确保建筑工程的质量,保证建筑结构的安全耐久性,防止质量通病的发生,严禁任何不合格的建筑材料进入工地。根据设计及现行施工验收规范和标准,以及各地区主管部门的规定,必须对项目进行检测。常规的检查项目主要是主体结构(梁、板、柱)混凝土强度等级及钢筋数量检测,竣工后房屋室内空气质量检测,钢筋抽样检测,混凝土试块强度检测,加气砌块外观质量及强度两项性能检测,瓷砖性能检测;保温材料、消防材料、胶粘剂都必须送样检测,铝合金门窗的3项性能检测等,这些项目都是属于强制性要求必须要进行检测的项目。

综上所述,建筑材料的质量控制是保证建筑工程质量的前提与保障,只有把好材料的进场质量关,建筑工程的质量才能得到保证。因此,对于用在建筑工程的材料必须进行检查,检测使其完全符合规定是非常需要的。目的是质量保证合格,规格型号、性能指标满足设计及施工规范要求。但是也存在由于材料品种繁多,各个生产厂家的设备技术差距较大,建材市场缺乏严格规范的有力管理,从而导致大量的假冒伪劣产品流入建材市场,这也给建筑材料的质量控制带来了很大困难。但是,只要严格按照规范要求对使用的材料进行严格检查、检测,还是可以确保建筑原材料质量得到控制,建筑工程质量和安全得以保证。

参考文献

[1] 郭继武.建筑抗震设计[M].北京:中国建筑工业出版社,2011.

[2] 白雪莲.公共建筑暖通空调系统提高能效的措施分析[J].建筑节能,2007
(35):1-5.

[3] 王宗昌.建筑施工细部操作质量控制[M].北京:中国建筑工业出版社,2007.

[4] 王庆生.北京市《外墙外保温工程施工防火安全技术规程》解读[J].墙材革
新与建筑节能,2011(1):40-44.

[5] 季其.外墙外保温防火技术途径分析[J].墙材革新与建筑节能,2008(11):
41-45.

[6] 北京艺高世纪科技股份有限公司.外墙外保温常见技术问答[M].北京:中国
建筑工业出版社,2009.

[7] 齐子刚,姜勇.我国加气混凝土行业现状及发展趋势[J].墙材革新与建筑节
能,2008(1):32-34.

[8] 石金柱.外墙外保温系统的防火措施分析[J].建筑节能,2009(7):13-14.

[9] 黄振利.外墙外保温应用技术[M].北京:中国建筑工业出版社,2005.

[10] 王宗昌.建筑工程质量控制与防治[M].北京:化学工业出版社,2012.

[11] 刘益惠.浅析工程设计阶段的造价控制[J].中华建设科技,2011(6):
61-63.

[12] 江嘉运.小型空心砌块在节能住宅中的应用[J].低温建筑技术,2003(5):
70-71.

[13] 孙惠镐.混凝土小型空心砌块生产技术[M].北京:中国建材工业出版
社,2001.

[14] 北京市建筑材料管理办公室.建筑节能工程施工技术[M].北京:中国建筑
工业出版社,2007.

[15] 周德源.砌体结构抗震设计[M].武汉:武汉理工大学出版社,2004.